Siendo Humano

Tercera Edición

Cualidades que hacen humano al hombre

P.A. Abdo

ISBN: Tapa Blanda 978-1-5065-4759-6
Libro Electrónico 978-1-5065-4760-2

Información de la imprenta disponible en la última página.

Fecha de revisión: 20/05/2022

Para realizar pedidos de este libro, contacte con:
Palibrio
1663 Liberty Drive, Suite 200
Bloomington, IN 47403
Gratis desde EE. UU. al 877.407.5847
Gratis desde México al 01.800.288.2243
Gratis desde España al 900.866.949
Desde otro país al +1.812.671.9757
Fax: 01.812.355.1576
ventas@palibrio.com
843127

Título: Siendo Humano
Autor: Pedro Armando Abdo Shaadi
HYPERLINK "mailto:p.a.abdo@beinghuman-thebook.com"
p.a.abdo@beinghuman-thebook.com
Portada: Carlos Villaseñor Múzquiz
Edición: Eduardo J. Abdo Cantú

ISBN: 978-607-00-8213-9

ISBN: 978-146-33-7368-9

ÍNDICE

Dedicatoria:

A mi esposa Raquel, a mis hijos
Pedro Armando, Eduardo José
y Raquel Elizabeth

In memoriam:

De quien fuera mi mejor amigo.
Un ser humano extraordinario
que me pidió su anonimato.

Prólogo

¿Por qué hay desorden en el mundo? ¿A qué se debe que haya guerra, violencia, sobrepoblación? ¿Cuál es el origen de las pasiones como odio, ambición, rencor, venganza, envidia y otras? ¿Qué causa la obesidad? ¿Por qué hay en el mundo pobreza, hambruna, sequía, deforestación y contaminación entre tantas otras lamentables situaciones?

Muchos autores intentan dar una explicación a esos eventos mediante diferentes puntos de vista y premisas -en muchos casos- antagónicas. No obstante, hasta hoy no he encontrado un texto que dé una respuesta clara, satisfactoria y fundamentada a las causas primigenias de estos problemas.

Este libro pretende encontrar una respuesta a todas estas interrogantes desde una perspectiva en la que el hombre figura como el autor indiscutible de los actos que han traído consigo el desequilibrio del mundo.

Esta obra explica la fuente del poder, creador y destructor, dentro de cada persona.

¿Hay algún criterio universal –y también infalible– que pueda explicar el origen de todos estos males?

La respuesta es sí lo hay. A lo largo de muchos años de observación, investigación y reflexión deductiva, el autor ha llegado a entender que el mundo está diseñado para estar en perfecto equilibrio y es el comportamiento del ser humano el que lo rompe.

Los razonamientos que expone en este trabajo, no solo explican el origen de la errática conducta de los seres humanos, sino también nos brindan cánones de actuación para mejorar nuestra calidad de vida, porque son universales y se aplican a todos los seres humanos sin distinción de raza, credo, edad o condición social.

Este libro estudia al hombre como no se le ha visto antes: como una creación regulada. En efecto, el humano –como parte de la naturaleza– no es un ser ajeno a las leyes naturales que son invariables y precisas. Sus acciones y pensamientos están regidos por esas normas, rompiendo con la creencia popular de que la libertad del ser humano consiste en poder hacer lo que quiera, sin que esto traiga consecuencias.

A lo largo de *SIENDO HUMANO* usted encontrará una ordenada exposición de argumentos y deducciones que explican la vida del hombre, su sentido, y las respuestas a las interrogantes más comunes sobre el efecto de vivir. Al terminar su lectura, usted podrá disponer de conocimientos que mejorarán significativamente su calidad de vida, dando como resultado una vida más plena y longeva.

SIENDO HUMANO es más que un libro. Es una respuesta a la gran interrogante de nuestra razón de existir y de ser humanos. Es una forma de ver la vida que nos hemos negado por elegir una cultura que confunde el materialismo con la comodidad, la sexualidad con el amor, el dominio con el éxito y la imagen con el deber ser. El acceso a la vida plena que usted ha estado esperando está a unas páginas de distancia.

Eduardo J. Abdo C.

Introducción

No estamos en el universo por casualidad. Entonces, ¿para qué estamos aquí? ¿por qué somos humanos? Las respuestas que propongo en este libro tienen fundamento en el análisis de las cualidades que hacen humano al hombre (ser animado racional) y son: el amor (ser solidario, humanitario, caritativo), la conciencia, la moral y la ética.

Esas cualidades son exclusivas de los seres humanos y le dan sentido (razón de ser) a nuestra vida porque son las leyes de la naturaleza que controlan nuestro organismo mediante la información biológica contenida en nuestro código genético para que funcione en forma óptima y vivamos con salud física y emocional; vivir la vida en contra de esas leyes, ocasiona padecimientos y pérdida de bienestar.

El corazón, los pulmones, los riñones y demás órganos internos de nuestro organismo, tienen la misma forma, están ubicados en el mismo lugar y trabajan sin descanso durante toda nuestra vida, aunque estemos dormidos o inconscientes. Esa información genética también hace que la forma exterior de nuestro cuerpo sea idéntica en todos los hombres y mujeres.

La ciencia médica conoce el funcionamiento de nuestro organismo, pero desconoce el origen y funcionamiento de los sentimientos, emociones y conducta del hombre, lo que le ha ocasionado enfermedades, depresión y menos años de vida.

El ser humano.

No hay empresa más compleja y fascinante que escribir sobre el ser humano. Puedo afirmar con certeza que el hombre, desde que pudo expresar sus ideas y conocimientos por medio de la escritura, ya se ocupaba de estudiarse a sí mismo.

Se han escrito millones de textos a través de los siglos sobre su aspecto religioso, biológico, social, emocional, sexual, antropológico, etc.

Este trabajo abarca todas esas facetas porque estudio la manera en que la información genética rige el comportamiento (forma de ser) del ser humano y el funcionamiento de su organismo.

Analizaré en principio, debido a su importancia, los conceptos de *ánima* y espíritu en los seres animados para entender por qué y para qué viven.

Deseo aclarar que no voy a estudiar en este libro las ideas religiosas de alma y espíritu debido a que no tienen relación con los conceptos aquí tratados. Estudiaré solamente las cualidades del *ánima* y las del espíritu desde el punto de vista científico (no religioso) porque son universales en todas las personas sin importar su religión, raza, sexo o nacionalidad.

Abordaré -además del *ánima* y el espíritu- los temas de la conciencia, el amor, la moral y la ética porque son los atributos que distinguen al ser humano de las demás especies vivientes.

Examino también el origen de los sentimientos negativos, como ambición, ira, rencor, envidia, avaricia y otros, para entender la naturaleza humana.

Voy a aclarar que en este libro utilizo las expresiones hombre y ser humano como sinónimos porque representan a la humanidad incluyendo, por supuesto, a la mujer.

Me permito también informarle que en la parte final del libro inserto notas en las que menciono la fuente de las afirmaciones que marco en superíndice con números progresivos, así como la definición de algunas palabras que pueden tener diversos significados para precisar el sentido que le estoy dando en este trabajo y evitar ambigüedades.

Invitación.

Estimado lector: lo invito a estudiar las leyes y los procesos biológicos que gobiernan al hombre (en su organismo y forma de comportarse). Me estoy permitiendo hacerle esta invitación debido a que es muy poca la información disponible sobre la forma en que las leyes de la naturaleza afectan el comportamiento del ser humano. Si usted puede aportar ideas fundadas sobre este tema que puedan ayudar a nuestros semejantes, le agradeceré me envíe sus comentarios a la siguiente dirección: p.a.abdo@beinghuman-thebook.com.

PRIMERA PARTE

LOS SERES VIVOS

LAS LEYES DE LA VIDA

El último grado de la sabiduría es el conocimiento de todas las leyes de la naturaleza. [1]

– Descartes.

La cita con la que doy inicio a este capítulo se dijo hace más de 400 años. Esa reflexión influyó poderosamente en mi forma de pensar y me impulsó a buscar información sobre esas leyes.

Debo reconocer que hasta ese momento de mi existencia no había reflexionado sobre el conocimiento y la sabiduría, y probablemente por esa razón me impactó esa frase.

Cuando empecé a investigar encontré que los grandes pensadores de la antigüedad consideraron que las leyes de la naturaleza rigen el orden en el universo y todos los acontecimientos de la Tierra, pero como no están escritas como sucede con las leyes dictadas por la sociedad humana, es el hombre quien debe descubrirlas mediante la observación y razonamiento.

Pero ¿qué fue lo que motivó a Descartes equiparar el conocimiento de las leyes de la naturaleza con "el máximo grado de la sabiduría"?

Es posible que Descartes sabía o intuía que como nada ocurre fuera de la naturaleza, al conocer sus leyes encontraría la respuesta a una de las mayores incógnitas de la humanidad: la razón de ser de la existencia de los seres humanos.

Me han preguntado qué utilidad práctica puede tener conocer las leyes de la naturaleza y vivir conforme a ellas. Debido a lo que sabemos por estudios médicos, biológicos y psicológicos sobre el hombre, voy a responder que usted obtendrá múltiples beneficios, entre los cuales puedo mencionar los siguientes:

- Gozará de salud y bienestar.
- Tendrá paz interior y en su comunidad.
- Disfrutará la vida en plenitud [2] física, mental y emocional.
- Su organismo trabajará en homeostasis. [3]
- Su vida será de grata satisfacción espiritual y física.
- Podrá producir alimentos y tecnología para tener una vida saludable, confortable y longeva.
- Comprenderá mejor a los seres humanos.

- Podrá mejorar el medio ambiente para su beneficio y el de sus semejantes.

Lo invito para que dedique un tiempo al estudio de estas leyes y le aseguro que al conocerlas y ponerlas en práctica, tendrá una mejoría significativa en su calidad de vida.

Voy a precisar primero lo que entiendo por naturaleza y explicar después las leyes que la rigen para comprender mejor este trabajo:

Naturaleza: es todo lo que existe en la creación sin la intervención del ser humano.

Leyes de la naturaleza: son postulados [4] *universales, invariables, precisos y permanentes que rigen el comportamiento de la energía y la materia, incluyendo a todos los seres vivientes y a todos los sucesos y procesos de la naturaleza.*

Le informo que en este libro utilizo como equivalentes los términos leyes, reglas, procesos, programas biológicos, o los llamo simplemente programas.

Origen.

Considero, por sentido común, que el universo (todo lo que existe) debe tener un comienzo. A ese inicio o principio se le puede llamar Naturaleza, Evolución Creadora, Dios, Creador o cualquier otro nombre que quisiera darle, eso no importa porque es cuestión de terminología. El hecho es que, en ese primer instante de existencia, sin importar cuál sea, se crearon la energía, la materia, el tiempo y las leyes de la naturaleza.

El ser humano puede creer lo que quiera sobre la existencia de un creador, incluso, puede afirmar que Dios no existe, eso no afectará su vida, pero debe saber que su organismo y su conducta están gobernados por leyes universales, inmutables y de precisión matemática, y en caso de no obedecerlas, se destruirá.

Todo es orden.

Las leyes de la energía, la física y la química gobiernan el orden y equilibrio en el universo; todo suceso de la naturaleza, acción humana, animal o vegetal, está sujeto a las leyes de la naturaleza. Ellas no pueden ser consecuencia del caos, la casualidad o la aleatoriedad, porque *siempre, dónde hay orden, es debido a la existencia de leyes*; nada sucede sin razón alguna, además, nada viene de la nada. [5]

Con esto en mente, hace todo el sentido observar cómo los animales y las plantas están controlados por la información contenida en su código genético, haciendo que su organismo funcione de la misma manera en todos y cada uno de los miembros de su especie. Lo mismo ocurre con su forma de buscar alimentos, sus medios de defensa, su sistema de reproducción y su modo de vivir.

Voy a repetir lo dicho porque es importante: (i) las leyes de la naturaleza no pueden ser producto del desorden, el azar o la anarquía; (ii) todos los sucesos de la naturaleza, las acciones humanas y el funcionamiento del organismo de los seres vivos, obedecen las leyes de la energía, la física y la química; y (iii) todo en el universo tiene una causa y un motivo de ser o de existir.

Leyes universales.

Estudiaré primero las leyes que administran la naturaleza desde cuatro puntos de vista:

1. Las leyes que gobiernan la energía y la materia. El ser humano desconoce la mayoría de las que controlan el universo porque deben ser miles, si no, millones. Si las descubre y aprovecha, como lo ha estado haciendo con las que rigen la gravedad, electricidad, electrónica, aerodinámica, física, química, magnetismo, adhesión, cohesión y muchas más, obtendrá de ellas sus beneficios. Si las ignora, o conociéndolas no las usa, no obtendrá utilidad de ellas.

   Estas leyes gobiernan también (y pueden llegar a predecirse con precisión) todos los sucesos de la Tierra, tales como terremotos, vientos, huracanes, lluvias, sequías, plagas, mareas, etc.

2. Las leyes que rigen la supervivencia de todos los seres vivos obligándolos a alimentarse, hidratarse,

descansar, eliminar desechos, etc. El individuo no puede eludirlas ni evitar su funcionamiento so pena de deteriorar su salud y perecer prematuramente.

3. Las leyes que manejan los procesos internos del organismo de todos los seres vivos, como digestión, nutrición, metabolismo (fotosíntesis en las plantas) y otros. Estos procesos son idénticos en todos los individuos de la especie a la que pertenecen y funcionan sin descanso durante toda su vida aún en el caso de que estén dormidos o inconscientes. Estas leyes controlan también la forma y ubicación de todos sus órganos internos y la forma exterior de su cuerpo, y son idénticas a las de sus ancestros.

4. Las leyes que gobiernan exclusivamente al hombre: las del amor, la moral y la ética. Estas leyes funcionan solo cuando está consciente y debe obedecerlas para tener salud y vivir en paz en su comunidad, aunque también tiene capacidad de no acatarlas, en cuyo caso ocasionará daños a su organismo o a su prójimo.

Todas las leyes de la naturaleza se cumplen inexorablemente; no se pueden violar y no hay posibilidad de que el ser humano las modifique o intervenga en forma alguna en su funcionamiento.

Ante las leyes de la naturaleza el hombre no tiene facultades ni derechos, solo obligaciones; no le puede exigir nada a la naturaleza.

Un ejemplo claro de lo ineludible de estas leyes, es la de la gravedad: si una persona se arroja de un edificio retando la ley y se estrella contra el suelo, ésta se cumple, no se viola.

Una de las leyes de la naturaleza más notoria y difícil de comprender es la que maneja el equilibrio en el porcentaje de hombres y mujeres en el mundo: la población mundial está constituida, aproximadamente, por el cincuenta por ciento de hombres e igual porcentaje de mujeres. [6]

Lo más sorprendente de esta ley es que cuando hubo guerra en un país el porcentaje de hombres disminuyó, [7] pero en el siguiente censo (a los diez años) se igualó el porcentaje [8] a pesar de la planeación que hicieron los padres para programar el sexo de sus hijos.

En el mismo orden de ideas, le comento que el tiempo es la ley más importante de la naturaleza y la obra más portentosa de la creación, y trabaja en coordinación con el movimiento separando los sucesos. El universo obedece al tiempo y lo sigue a su ritmo. Este trabajo es posible porque el tiempo solo avanza en una sola dirección y siempre es presente.

Con base en deducciones personales puedo afirmar –y lo someto a su consideración– que la materia y la energía están integradas al tiempo y por eso funciona de la misma manera en todos los seres vivos (crecimiento y desarrollo de plantas, animales, microbios, seres humanos) y en todos los procesos de la naturaleza (vientos, lluvias, mareas, terremotos) sin importar la parte del mundo en que sucedan.

Opinión personal.

El principal objetivo de la existencia del hombre es vivir en armonía con la naturaleza. Sé que esto no es fácil, pero cuando logra descubrir sus leyes, vivirá más años en plenitud.

Si él no cumple con las leyes que rigen su organismo y conducta, seguirá caminando y tropezando contra obstáculos tan grandes como las enfermedades, la violencia y la ignorancia.

Debido a ello puedo concluir que la revelación de las leyes invisibles de la naturaleza debe estar clasificada entre uno de los mayores logros de la humanidad.

La investigación científica de la sociedad humana y su proceso intelectual, es una tarea de proporciones gigantescas y el más complejo sistema de todos los existentes en la Tierra, pero es necesario hacerse basándose en los mandamientos de la naturaleza para que sus conclusiones sean irrefutables.

EL *ÁNIMA* Y LA VIDA

La Tierra está habitada por seres vivos en una inmensa variedad de especies, pero ¿por qué está habitada así? ¿para qué?

Voy a partir de una base sólida para responder a este razonamiento: los seres vivos fueron creados para residir en un medio ambiental diseñado con anterioridad para ellos, pues no podrían sobrevivir si no existieran condiciones ambientales propicias para la vida.

Por sentido común, las parejas de macho y hembra, y de hombre y mujer, se crearon al mismo tiempo, pues de otra manera no se podrían reproducir.

El Creador hizo el Sol exclusivamente para los seres vivos porque son los únicos en el universo que se benefician de él. La vida en la Tierra es posible gracias al Sol. Su influencia es únicamente dentro del sistema solar; más allá de Plutón, no hay energía solar para que exista vida similar a la de la Tierra.

Todos los seres vivos procuran conservar la vida y cada célula de su organismo se coordina con las demás para buscar la supervivencia del individuo.

Por ejemplo, cuando una persona sufre una herida en la piel, las células sanguíneas lesionadas se coagulan de inmediato para detener la hemorragia mientras otras inflaman el tejido para destruir las bacterias y otras más se coordinan para cerrar la parte afectada con tejido nuevo.

Observando el organizado proceso de la cicatrización, es inevitable preguntarse: ¿por qué las células de su organismo quieren que usted viva? ¿qué o quién las coordina para que trabajen en forma tan eficiente?

La capacidad de las células para organizarse está contenida en la información biológica de cada molécula de ADN de un organismo para renovarse, adaptarse, eliminar células muertas, etc.

La entidad que organiza esa información se identificó hace 25 siglos y se le denominó *ánemos* o *thymós* (del griego: principio de vida o fuerza vital). Los latinos aprendieron de los griegos y llamaron *ánima* o *anĭma* al principio organizador del cuerpo que le da forma y movimiento propio, y hace que respire, sienta y piense.[9]

La palabra alma es una evolución fonética a partir del latín *ánima*, lo que motivó que este término despareciera de nuestro lenguaje cotidiano. De hecho, en la traducción de los textos originales griegos y latinos que actualmente leemos en español, erróneamente -a mi juicio- se sustituyó el término original de *ánima*, por el de alma.

Esto propició una confusión y actualmente la noción de alma se usa con un sentido religioso para expresar algo divino e inmortal en el hombre.

Por ese motivo -como lo comenté en la introducción-, en este trabajo excluyo el aspecto religioso de alma y voy a estudiar solamente el concepto original de *ánima* y a determinar sus funciones basándome en las actividades que se le atribuyen en consenso.

Concepto.

Los seres vivos se diferencian de la materia inerte debido a que poseen cinco capacidades:

1°. Movimiento propio.
2°. Alimentarse.
3°. Crecer.
4°. Reproducirse.
5°. Auto renovarse constantemente.

¿Hay algo dentro de un organismo que lo haga vivir por sí mismo, sin ayuda externa?

Por supuesto que sí. Esas actividades no son manejadas desde el exterior en un ser animado porque un sistema orgánico que se renueva y reconstruye constantemente por sí mismo, debe tener dentro de él, algo que siempre lo esté organizando, le dé movimiento y busque su supervivencia. Esa entidad es el *ánima.*

Es importante destacar que la existencia y las funciones del *ánima* descritas en este libro, no las estoy inventando ni son algo nuevo; tienen más de dos mil quinientos años de conocerse.

Defino el *ánima* como *la información biológica contenida en el código genético de cada célula de un ser vivo que organiza y dirige los procesos que debe seguir su organismo para vivir, así como la forma de cada uno de sus órganos internos (corazón, pulmones, riñones, etc.) y la forma exterior de su cuerpo.*

Esa capacidad organizadora determina desde su concepción, la forma exterior del cuerpo y la forma que van a tener cada uno de sus órganos internos y luego, durante toda su vida, dirige el funcionamiento de cada uno de ellos renovándolos constantemente manteniendo su forma original y cicatrizándolos cuando se dañan.

Usted puede darle el nombre que desee a esa esencia, pues lo importante es tener un vocablo que identifique la existencia de un principio de organización que maneje la construcción y el funcionamiento de un organismo. Yo lo llamo por su nombre original: *ánima.*

Las plantas, los animales y los seres humanos, están formados por dos elementos: el *ánima* y el cuerpo. La primera es la energía "organizadora" de la materia que compone un ser vivo. Sin esa energía, el cuerpo no está organizado, es materia inerte. *Un organismo necesariamente es un ser vivo.*

Para entender mejor lo anterior, le comento que el organismo humano está constituido aproximadamente por 60 elementos químicos entre los que se encuentran: calcio, hierro, sodio, potasio, magnesio, oxígeno, carbono, yodo, zinc y otros. Los elementos químicos son los que "componen" un organismo, o, mejor dicho, ellos son todo lo que queda cuando el organismo se "descompone".

Esa estructura física es solo materia inerte, lo que la organiza y la convierte en un ser vivo, es el *ánima* junto con la vida.

¿Qué es la vida?

El *ánima* se complementa con la vida [10] en los seres vivos y propongo esta definición: *la vida es la energía que activa la información biológica contenida en el código genético de un ser orgánico.*

La única vida que hay, vive en todos nosotros; no hay muchas vidas. La vida es energía y nosotros somos parte de una energía universal que fluye en nuestro organismo, es como la gota de agua que se confunde en el mar integrándose al conjunto, pero sigue siendo una gota de agua en el agua.

¿Cuál es el origen de la vida? Hay opiniones contradictorias, pero en mi opinión, necesariamente debió haber sido creada por un Ser Superior, ya que (i) no la puede producir el hombre, (ii) no puede venir de la nada, y (iii) no pude ser consecuencia del caos o la casualidad, pero después de la creación, esa energía se ha transmitido por herencia genética en los seres vivos en forma idéntica e invariable desde hace miles de años, igual que la del *ánima*.

El *ánima* y la vida son energías similares con funciones diferentes, pero dependientes una de la otra. Ambas son concomitantes y complementarias en la animación y funcionamiento interno de todas las criaturas.

Voy a hacer una comparación mediante un ejemplo sobre la forma en que la ciencia y la tecnología han elaborado sistemas computacionales tratando de copiar o imitar el funcionamiento del modelo humano:

Un sistema computacional consta de dos elementos: una parte física -llamada hardware- y una inmaterial -conocida como software. La primera va a funcionar por medio de la información que le dará la segunda, contenida en un conjunto de programas controladores (o drivers) que administran los componentes físicos de todo el sistema.

La analogía con el hombre, sucintamente, es: el hardware es el cuerpo humano y el *ánima* es el software que lo hace trabajar. El hardware va a obedecer inexorablemente al software.

Hasta ese momento, ni el sistema computacional ni el modelo humano funcionan. La información del software que procesará el hardware está allí, pero estos elementos no entran en acción si no los energizamos. La energía eléctrica que activa la computadora es el equivalente a la vida que recibe el cuerpo humano.

Como corolario le puedo decir que el *ánima* sin la vida no podrá informar al cuerpo para que ejecute todas sus funciones, es decir, es un cuerpo inerte. Éstas -el *ánima* y la vida-, son las dos energías que el cuerpo humano necesita para vivir.

Funciones vitales atribuidas al *ánima*.

El *ánima* maneja en su totalidad los procesos de digestión, metabolismo, nutrición, temperatura corporal y en el hombre, además, regula el ritmo cardíaco, el movimiento de los pulmones, del estómago y la circulación de la sangre. Estas funciones siempre están activas, aun y cuando la persona esté dormida o inconsciente.

El proceso de la alimentación sirve de ejemplo para ilustrar lo anterior: cuando una persona ingiere un alimento, en ese momento el organismo inicia la digestión siguiendo el programa que tiene grabado en sus genes, convirtiendo una parte del alimento ingerido en músculo, otra en sangre, otra en hueso, piel, uñas, pelo, etc.; regenera células y expulsa en las defecaciones lo que no utiliza. Estos procesos son independientes de su voluntad o razón.

La autoconservación de la vida.

Todos los seres vivos tienen mecanismos de autodefensa indispensables para su supervivencia. Se conocen como *instintos* y voy a proponer esta definición: *son impulsos naturales, temporales e involuntarios inscritos en el código genético de un ser vivo que buscan conservar su vida y su especie.*

Las leyes de la naturaleza que controlan el comportamiento de todos los individuos, actúan a través de sus instintos.

Los instintos en el hombre tienen como característica que primero actúan de manera espontánea ajenos a su razonamiento, pero después de ese impulso inicial los puede dominar por medio de su voluntad.

Me explico: las leyes naturales que deben obedecer todos los seres vivos para sobrevivir, son: comer, beber, dormir, excretar, etc., y los instintos los impulsan a cumplir con esas leyes.

Para ser más preciso: la ley obliga alimentarse, el instinto correspondiente se llama hambre; la ley ordena hidratarse, el instinto es la sed; la ley obliga dormir, el instinto es el sueño; la ley ordena defecar, el instinto es la sensación de expulsar los desechos.

Esto significa que el hombre puede ignorar el aviso de sus instintos por poco tiempo sin dañar su salud, pero debe cumplir forzosamente con las leyes que rigen su supervivencia para que no perezca; no las puede eludir.

Los animales y las plantas cumplen con precisión las leyes que rigen su alimentación, porque aún en el caso de tener comida en abundancia, solo ingieren la cantidad y calidad necesarias para vivir, y por eso no hay animales obesos en la naturaleza, a menos que estén en cautiverio porque en ese caso se rompe su equilibrio natural.

Pero el hombre es el único de los seres vivos que tiene capacidad para excederse en su comida o actividad sexual, pero las leyes de la moral que estudio en un capítulo posterior le sugieren controlar los excesos para no dañar su organismo.

El ser humano tiene, aparte de los instintos básicos mencionados con anterioridad, otros que actúan en caso de emergencia o cuando está en peligro su integridad física.

Estos instintos actúan de inmediato para ponerlo a salvo o repeler el peligro por medio del sistema nervioso autónomo, integrado por los sistemas simpático y parasimpático.

El sistema simpático prepara al cuerpo para reaccionar ante una situación de estrés cuando, por ejemplo, la persona está a punto de ser atacada o de tener un accidente. En ese instante, este sistema segrega adrenalina aumentando su fuerza, respiración y ritmo cardiaco, y tensa sus músculos para protegerlo, luchar o huir.

Pero en cuanto pasa el momento de tensión, entra en funcionamiento el sistema parasimpático avisándole al individuo la terminación del peligro y restablece su cuerpo a su situación normal de relajación.

El instinto hacia lo sagrado o religioso es también exclusivo del hombre y debe satisfacerse individualmente según lo desee cada quién, de la misma forma como se satisfacen los instintos del hambre, el sueño o la sed, porque cada persona expresa sus sentimientos hacia lo sagrado en forma diferente y no se debe obligar a nadie a que profese una creencia o religión determinada.

Ese instinto lo tienen todos los seres humanos debido a que es genético y los ha impulsado desde su vida primitiva a buscar una entidad superior, primero con idolatrías, como el sol, la lluvia, el trueno, etc. y luego con mitologías, ritos, sacrificios, religiones, etc.

Reflexiones sobre el *ánima*.

Voy a dedicar esta sección a compartir con usted algunas actividades del *ánima* propias del género humano para entenderlo mejor.

El *ánima* maneja el programa que regula la temperatura del organismo humano: ¿por qué la temperatura interna de su cuerpo es de 36,7 grados Celsius en promedio? ¿por qué se determinó en ese valor y no en 40 o 30?

Esa graduación es idéntica en los más de siete mil setecientos millones de personas que pueblan este planeta sin importar que la temperatura exterior de su cuerpo esté a 50 grados bajo cero o sobre lo mismo.

La temperatura corporal está programada para mantenerse inalterable durante toda la vida de la persona, al grado de que la variación mínima de un grado hacia arriba o hacia abajo del calor interno del cuerpo, puede ser mortal.

El hipotálamo es la entidad que recibe la información del *ánima* para controlar la temperatura del organismo, produciendo la transpiración del cuerpo para enfriarlo cuando el clima es caliente o temblores para calentarlo cuando es demasiado frío.

El *ánima* en los seres humanos también maneja las leyes que rigen el proceso de la reproducción de la especie ordenando que cuando un espermatozoide entra en el cuerpo de la mujer, empiece a funcionar con precisión matemática el programa genético de la gestación fabricando el cuerpo físico del nuevo ser, la forma y ubicación de cada uno de sus órganos internos (corazón, riñón, pulmón, etc.), así como la forma exterior del cuerpo. Esta labor de la naturaleza es idéntica en los miles de millones de madres que habitan la Tierra.

Cualquier interrupción, suspensión o eliminación de un proceso de la naturaleza -como en este caso- impedir la continuidad del proceso del embarazo por medio del aborto, ocasiona deterioro en el organismo de la mujer, aunque no se manifieste en el momento de la infracción.

Un ejemplo claro de la precisión e invariabilidad de las leyes de la naturaleza es el complejo sistema óptico, en el que los conductores nerviosos de los ojos transmiten al cerebro en forma de impulsos luminosos las señales de lo que ven transformándolas en imágenes que capta la mente consciente y al mismo tiempo está produciendo ideas.

Puedo afirmar sin temor a equivocarme, que el sistema óptico se origina sin variación, cuando un espermatozoide de dimensiones infinitesimales fecunda a un óvulo y en ese momento se origina, no solo ese sistema, sino todos los aparatos y sistemas del organismo humano –digestivo, óseo, circulatorio, muscular, etc.- cuya forma de trabajar permanece inalterable en los miles de millones de personas que pueblan y han poblado el planeta.

En esa tesitura puedo concluir que el organismo del hombre funciona de la misma manera en niños y ancianos, ricos y pobres, reyes, presidentes, papas, etc., porque ante la naturaleza no existen seres humanos superiores; todos los organismos funcionan igual.

Opinión personal.

Cuando el cuerpo muere y pierde sus funciones vitales, la materia se deteriora y se transforma en compuestos distintos siguiendo la primera ley de la termodinámica [11] y la energía de la información del *ánima* se degrada lentamente hasta entrar en el balance de la entropía, siguiendo también las leyes de la energía.

El *ánima*, como principio de información, presupone la existencia de la materia y solo actúa sobre ella cuando los organismos tienen vida. Al desaparecer la energía de la vida, la información biológica contenida en el *ánima* permanece por un tiempo en las moléculas del ADN de lo que antes era un organismo, pero no tiene capacidad para actuar y finalmente se aniquila junto con el *ánima* al morir el individuo. No es inmortal.

Esta afirmación (el *ánima* no es inmortal) puede chocar con quienes identifican el *ánima* y el alma como una misma entidad, pero como lo expliqué en los párrafos anteriores, son totalmente diferentes.

SEGUNDA PARTE

El Ser Humano

EL ESPÍRITU Y LA CONCIENCIA

¿Para qué vivo? ¿De dónde vengo? ¿A dónde voy? Estas interrogantes han estado en la mente del hombre desde que tuvo consciencia y uso de razón sin que hasta ahora se hayan encontrado respuestas satisfactorias.

Los filósofos, teólogos y pensadores puramente intelectuales trataron de responderlas con razonamientos abstractos, inspiraciones e intuiciones, pero como solo manejan ideas, creencias e ideologías (no hechos comprobados), sus explicaciones han sido insuficientes para descorrer el velo de misterio que todavía cubre muchos cuestionamientos.

La respuesta a estas interrogantes está en las leyes de la naturaleza y en este trabajo someto a su consideración mis conclusiones porque ellas dotan de argumento al tema central de este libro.

En principio, es conveniente responder a la siguiente interrogante: ¿cuáles son las cualidades que hacen humano al hombre [12] y para qué le sirve conocerlas?

El ser humano tiene cualidades que lo hacen diferente y superior a los demás seres vivos y son, como lo comenté, las que lo identifican como humano: el espíritu, la conciencia, el amor, la moral y la ética.

Algunas personas cuestionan que esas cualidades estén regidas por las leyes invariables de la naturaleza y también dudan que sean genéticas ya que eso implicaría que el hombre no tiene libertad para tomar una decisión como elegir entre el bien y el mal o ir a un lugar, o a otro.

Para responder a esas dudas es necesario acudir a los principios de la lógica formal mediante un silogismo con un argumento deductivamente válido para que su conclusión sea una consecuencia lógica verdadera:

> Premisa Mayor: Todo en el universo está sujeto a las leyes de la naturaleza;
> Premisa Menor: El ser humano está dentro del universo;
> Conclusión: El ser humano está regido por las leyes de la naturaleza.

De la conclusión del silogismo anterior deduzco tres consecuencias básicas: 1°. Todos los seres humanos tienen la misma forma exterior; 2°. Todos los órganos internos del cuerpo humano están ubicados en el mismo lugar, tienen la misma forma y funcionan de la misma manera; y 3°. Todos los procesos del cerebro al pensar y todos sus actos, están regidos por las leyes de la naturaleza.

Las dos primeras son fáciles de entender porque de no ser ciertas, sería normal que el cuerpo de las personas tuviera forma diferente, como dos cabezas, cuatro piernas, dos corazones, etc. y en cuanto a la última, el proceso del cerebro para producir pensamientos (no los pensamientos en sí mismos) que lo llevan a tomar una decisión, está regido por el programa genético que controla el funcionamiento de su cerebro y sus actos son el resultado de su modo de pensar.

En ese tenor, el físico británico Stephen Hawking en su libro *El Gran Diseño*[13] afirma que, "*aunque creemos que podemos elegir lo que hacemos, los procesos biológicos de nuestro cerebro físico, siguiendo las leyes de la física y química, son los que determinan nuestras acciones y, por lo tanto, estamos tan determinados como las órbitas de los planetas*".

Sigue diciendo Hawking: "*En un estudio de pacientes sometidos a una operación quirúrgica con anestesia local constataron que, al serles estimuladas eléctricamente regiones adecuadas de su cerebro, sentían el deseo de mover la mano, el brazo, el pie o los labios y hablar*".

Y termina su exposición con una sentencia: "*Es difícil imaginar cómo puede operar el libre albedrío si nuestro comportamiento está determinado por las leyes físicas, de manera que parece que no somos más que máquinas biológicas y que el libre albedrío es sólo una ilusión*".

En efecto, nuestra capacidad de razonamiento no es infinita debido a que solo podemos elegir entre los pensamientos que tenemos dentro de nuestro limitado cerebro.

Fue difícil para mí aceptar que todo lo que pienso o hago está predeterminado, pero vivo mi vida como si todo dependiera de mí, haciendo planes y proyectos para realizarlos en el futuro pensando que si me ajusto a las leyes de la naturaleza puedo vivir más años y mejor.

Algunos de mis proyectos y objetivos personales se cumplen conforme a lo planeado, pero otros no resultan como quiero a pesar de la exhaustiva planeación y esfuerzo para realizarlos, entonces asumo que hay una razón desconocida en perfecta armonía con los principios del universo y la acepto para estar en paz conmigo mismo.

Esas leyes desconocidas para el hombre son la causa por la cual usted y yo tenemos una condición aceptable en lo familiar, social, cultural y económico, aunque ni usted ni yo hicimos nada para haber nacido así, en este país y con nuestra familia. ¿Por qué no nacimos en un país donde predomina la miseria y la hambruna? ¿Por qué vivimos ahora y no en los primeros siglos de la era cristiana en los que la barbarie y el salvajismo eran cotidianos?

El lugar en donde nace (nacionalidad), la raza a la cual pertenece, el sexo, el temperamento y las potencialidades físicas y mentales del individuo, están determinadas en sus genes y éstos, a su vez, por las leyes inmutables de la naturaleza.

Algunas doctrinas filosóficas y religiosas aceptan sin problema esa forma de pensar y la llaman destino, predestinación, determinismo o fatalismo.

Se puede utilizar como metáfora la frase central del libro de Thomas Wheeler: "*Nacemos con la aurora y morimos al atardecer*" [14] para expresar nuestra fugaz e insignificante existencia en la inmensidad del universo.

Puedo inferir la existencia de una entidad superior que hizo inmutables y permanentes las leyes del universo, al razonar la expresión bíblica: "*...hágase tu voluntad así en la Tierra como en el cielo*". [15]

Concepto.

Considero el espíritu como la entidad que maneja la conducta de los seres humanos impulsándolos a conservar la creación (todo lo existente) por medio del amor, la moral y la ética.

El espíritu es exclusivo de los seres humanos; está en su interior, es intangible, inmaterial y tuvo su origen con la creación del hombre, pero después de ese momento se ha transmitido por herencia genética permaneciendo latente en la persona sin manifestarse hasta cuando llega a la adolescencia; [16] a partir de esa etapa se empieza a desarrollar y se termina de formar cuando adquiere la madurez.

El concepto de espíritu que estudio en este libro tiene más de 2,200 años de conocerse, no es nuevo ni es de mi invención, como lo explico enseguida.

Diferencia entre *ánima* y espíritu.

Estos conceptos han sido objeto de estudio desde la antigüedad y hasta hoy no se ha dilucidado en forma satisfactoria la diferencia entre ellos.

Fue a partir de Platón cuando se empezó a conjeturar vagamente esa diferencia al considerar como lo único que parece sobrevivir a la destrucción del cuerpo es la *psyché,* entendida como espíritu, imagen o fantasma de la persona. [17]

El Génesis menciona que el alma es el aliento de vida que Dios insufla en el hombre y en ese aliento recibe también el espíritu. [18]

En el Antiguo Testamento y en las cartas paulinas del Nuevo Testamento, se menciona en varias ocasiones el alma y el espíritu como dos conceptos diferentes, pero no hay forma de identificar comprensiblemente esa diferencia.

La diferencia entre el *ánima* y el espíritu, está en los conceptos originales de ambos: el primero maneja las funciones que son comunes a todos los seres vivos, como el movimiento propio, alimentarse, respirar, eliminar desechos, reproducirse, etc., mientras que el segundo gobierna las funciones exclusivas del ser humano.

Me explicaré: en el capítulo de *El ánima y la vida*, consideré a la primera como la información biológica contenida en el ADN de un ser vivo que maneja, tanto los procesos internos de su organismo (nutrición, digestión, metabolismo), como el funcionamiento y la forma de cada uno de sus órganos internos, y la forma exterior de su cuerpo.

Hice además una analogía elemental del organismo de los seres vivientes relacionándolo con las computadoras equiparando su cuerpo con el equipo (hardware), el *ánima* con los programas que controlan y coordinan los componentes del equipo para hacerlo trabajar (software), y la vida la comparé con la corriente eléctrica.

Siguiendo con ese símil, el espíritu sería otro programa para el ser humano consistente en el "sistema operativo" que contiene el software más importante del sistema y provee una interfaz [19] con el resto de los programas, por consiguiente, el hombre tiene dos programas que lo gobiernan: el *ánima* y el espíritu, en cambio, los demás seres vivos tienen solo uno: el *ánima*.

Puedo establecer también una semejanza entre una persona y un barco: la estructura es el cuerpo, el motor que lo impulsa son el *ánima* y la vida, y el timonel que dirige el navío, es el espíritu.

Cualidades del espíritu.

El hombre tiene atributos adicionales a los que tienen las demás especies vivientes. Esas características las considero exclusivas del espíritu y son, entre otras:

- Discernir entre el bien y el mal.
- Amar y querer realizar una idea.
- Reflexionar sobre su propio ser, sus pensamientos, sensaciones e ideas.
- Buscar la máxima longevidad permitida por la naturaleza.
- Tener capacidad de producir ideas y comprenderlas.
- Poseer lenguaje articulado.
- Sentir la necesidad de un Ser superior.
- Tener sentido moral de sus actividades.
- Cuidar el medio ambiente.
- Producir ciencia y tecnología con el objetivo de proporcionar insumos para su subsistencia y la de los demás seres vivos.

También son leyes exclusivas del género humano el amor, la moral y la ética, como lo explico en el capítulo siguiente. Estas leyes están contenidas en su código genético por eso se transmiten sin modificación a sus descendientes.

Las cualidades del espíritu son inmateriales y las puede manejar la voluntad del hombre, en cambio las del *ánima* son materiales y no las puede controlar la persona, como la temperatura corporal, la digestión o la circulación sanguínea.

El espíritu está activo en el sujeto solo cuando está consciente, en cambio el *ánima* siempre está actuando dirigiendo las funciones internas del organismo, aunque esté dormido o inconsciente.

El objetivo del *ánima* es conservar la vida del ser viviente por el término programado en sus genes, no la puede prolongar; el del espíritu, es buscar una mayor longevidad con salud y bienestar.

Podemos comprender mejor la diferencia entre el *ánima* y el espíritu, si consideramos que la primera maneja fisiológicamente el cerebro, es decir, sus funciones orgánicas (circulación de la sangre, nutrición de las células cerebrales, etc.), mientras que el segundo maneja las ideas producidas por el cerebro. Los animales y los vegetales no pueden producir ideas porque no tienen espíritu.

El espíritu es una energía que existe desde el embrión, crece al parejo con la inteligencia, la memoria, el razonamiento y la conciencia, y se termina de formar cuando la persona alcanza su desarrollo físico y fisiológico: la madurez.

Si se presta atención al crecimiento de los niños hasta cuando llegan a la madurez, se puede percibir cómo se van desarrollando en ellos, tanto las cualidades del espíritu citadas líneas arriba, como las cuatro entidades mencionadas en el párrafo anterior.

En esa etapa (la madurez), la inteligencia, la memoria y el razonamiento se integran en la mente (o intelecto) para darle a la persona la capacidad de resolver problemas complejos, producir ideas y cuidar su salud.

La longevidad.

Son diferentes la longevidad humana y la longevidad genética; esta última busca solo la duración de la vida programada en los genes de todos los seres vivos y no la pueden prolongar, es decir, solo viven, crecen, se reproducen y mueren.

Pero el ser humano tiene capacidad de prolongar su longevidad genética para vivir más años y para ello, busca balancear su alimentación, toma suplementos alimenticios, medicinas para curar enfermedades, hace deporte, utiliza medidas de seguridad para conducir automóviles, construir casas, etc.

La longevidad humana también lo impulsa a desarrollar ideas con el fin de proporcionarle alimentos y comodidades para su subsistencia, bienestar y vivir los más años posibles.

Esas ideas se materializan en:

- Construcciones (escuelas, hospitales, carreteras, industrias, etc.).
- Producir alimentos y bienes de consumo.
- Elaborar medicinas.
- Fabricar maquinaria, equipos y medios de transporte.
- Desarrollar actividades para progresar económica y culturalmente, y abastecer a la población.
- Formar familias.
- Crear organizaciones políticas y religiosas.
- Dictar leyes.
- Componer música, poesía y pinturas.
- Conservar la fauna y la vegetación.

El espíritu aviva el crecimiento de las civilizaciones al hacer realidad sus ideas a través de la cultura, la ciencia, las creaciones materiales y todo lo que la humanidad cree como civilización.

El hombre no sabe cuál es su futuro ni el propósito de su existencia, pero intuye que hay una razón para vivir el mayor tiempo posible y que no debe dejarse vencer por la fatalidad.

Pero cuando por causas sentimentales, desnutrición o por ingestión de alcohol y uso de droga la persona deja de buscar su longevidad, cae en angustia y depresión que lo puede llevar a la postración física y a la autodestrucción.

En esas circunstancias, cuando se anula el objetivo de la longevidad, desaparece el instinto de supervivencia y el individuo pierde el interés de vivir.

Se puede evitar llegar a ese extremo cumpliendo con las leyes de la moral que estudio en el capítulo siguiente, para tener una vida sin estrés, angustia o depresiones.

La inteligencia.

Le pedí a varias personas con diferentes niveles de cultura que definieran o explicaran el objeto de la inteligencia en los seres humanos. La gran mayoría de ellas se desconcertó, titubeó y no tuvo a la mano una respuesta idónea.

Para ayudarles, volví a preguntar ¿qué objeto tiene la inteligencia de un tigre o un león en la selva? Con la mayoría de mis encuestados la respuesta fue que los animales no tienen inteligencia, sino instintos. Luego rectificaron y dieron una respuesta: les sirve para buscar alimentos.

En efecto, el principal mandato de la naturaleza es vivir y voy a proponer este concepto: *la inteligencia es una ley natural que les da a los seres vivos la capacidad de procesar la información adquirida de su medio ambiente por medio de sus sentidos para procurar su supervivencia y confort.*

Lo anterior significa que todos los seres vivos tienen inteligencia: rudimentaria e incipiente en los seres inferiores, va creciendo conforme ascienden en la escala zoológica y finalmente en la especie humana, que es su máxima expresión.

Los seres vivos de la escala zoológica superior tienen memoria e inteligencia genéticas, innatas y les sirven solo para sobrevivir y buscar comodidades, pero carecen de las capacidades de introspección, razonar y producir ideas, porque son propiedades del espíritu, en consecuencia, exclusivas del hombre.

La inteligencia en las personas puede tener diversas aptitudes, pero esto no quiere decir que haya personas más inteligentes o con menor inteligencia, sino que han desarrollado mejor sus habilidades. Podríamos decir que la inteligencia de un diseñador es mayor o mejor que la de un matemático si comparamos ambas en la maestría de aquél, pero será menos inteligente en la rama de cálculo integral o cualquier habilidad del conocimiento matemático.

Lo mismo puedo decir del intelectual si lo comparamos con un agricultor; cada uno de ellos es mejor en su especialidad y sus capacidades son mejores o, para ser más claro ¿quién sería "más inteligente" para sobrevivir en la selva: Einstein o un Robinson? [20]

No obstante, hay intelectuales con muchos conocimientos que son inútiles para la sociedad y a pesar de ello se les considera como inteligentes, pero en mi opinión, todas las capacidades intelectuales son semejantes en importancia y todas son necesarias para la sociedad humana.

La inteligencia va de la mano con la sabiduría y aquí surge una pregunta inevitable: un hombre puede conocer la respuesta de todas las interrogantes sobre el universo y la vida, pero ¿para qué le sirve ese conocimiento? ¿para qué le sirve ser sabio?

La inteligencia y la sabiduría deben ser útiles a la humanidad, es decir, deben tener el propósito de ayudar a los demás a ser felices. Un propósito diferente, sería egoísta y provocará aislamiento y rechazo de la sociedad.

Todas las actividades positivas de las personas buscan dos propósitos: la supervivencia y la longevidad con salud y confort.

Dentro de la supervivencia está la conservación de la especie y dentro de la longevidad, están las comodidades (camas confortables, automóviles, ropa, equipos electrónicos), el esparcimiento (viajes, cine, lectura, baile, música, deportes, arte, reuniones sociales), los relajantes (meditación, religiones) y las labores de altruismo.

Los filósofos, literatos y poetas, son incapaces de crear medios de producción para alimentar a la población, es por ello que son inútiles en una sociedad que no ha producido alimentos; sus funciones pertenecen al campo de los relajantes y sus actividades tienen carácter complementario en la lucha por la supervivencia del ser humano.

La moralidad.

Una de las funciones del espíritu es moderar su tendencia a excederse en su alimentación o su sexualidad, utilizando para contenerlas las leyes de la moral que estudio en las páginas siguientes. Estas leyes buscan que el hombre sea templado [21] para que tenga salud y bienestar.

Pero como los pensamientos, sentimientos y acciones de la persona los maneja su voluntad, puede elegir entre cumplir con una ley, ignorarla o excederse al cumplirla, ejerciendo su albedrío.

Algunas personas consideran que el ser humano posee dos tipos de libertad: la derivada del obrar o abstenerse de hacer o pensar algo lícito, y la proveniente de su albedrío, es decir, de su capacidad para violar o no cumplir con las leyes.

Pero a esta última no se le debe llamar libertad, porque ningún hombre tiene capacidad o autorización para infringir una ley, como puede ser lastimar a sus semejantes, o incumplir con las leyes de la moral abusando de su alimentación, actividad sexual o sus pasiones.

La religión le llama pecado a la infracción de las leyes del espíritu y ahora sabemos que el resultado por la inobservancia de esas leyes es causa de enfermedades, sufrimiento y desórdenes sociales que destruyen la paz y bienestar del ser humano.

La búsqueda de la felicidad.

¿Cuál es el sentido de la vida del hombre y a la vez, el propósito de la humanidad?

La búsqueda de la felicidad ha sido una de las principales preocupaciones de la humanidad desde tiempos inmemoriales. Se han escrito infinidad de obras literarias que dicen enseñar a las personas la forma de vivir para ser feliz.

Pero la felicidad, como la concibe la gente, es un bien indeterminado y variable y nadie puede retenerla por ser temporal; es un estado de ánimo que se expresa como un sentimiento de gozo.

Cada ser humano tiene su propia idea de la felicidad y, por consiguiente, es diferente en todos. Por ejemplo, para un hambriento la felicidad puede ser satisfacer su apetito; para el místico o religioso podrá ser vivir recluido en un monasterio; el ambicioso la encontrará en el dinero; el mujeriego, en la posesión de mujeres, y para algunas personas puede ser lograr una meta o el éxito.

En mi opinión, la felicidad es una sensación de plenitud física y espiritual que se adquiere cuando el hombre vive conforme a las leyes que rigen su organismo: las del amor, la moral y la ética.

Por consiguiente y respondiendo a mi pregunta, el sentido de la vida es vivir; vivimos para ser felices y añadir felicidad a los demás, para amar y ser amados. Al vivir así, tendremos salud corporal y emocional, lo cual puede considerarse como el fundamento de una felicidad estable, posible y puede ser alcanzada por cualquier persona.

La felicidad está en el interior del ser humano, en sus pensamientos y sensaciones, en donde siempre existe un estado de perfecta paz. Para disfrutar de la felicidad, todo lo que debe hacer es detener la actividad de la mente volviendo con calma a su estado natural de ser inactivo.

Cuando usted tiene tranquilidad y acepta incondicionalmente el presente en un estado de relajación, armonía y adaptación, es cuando obtiene los beneficios de las leyes naturales y ésa es la mejor forma de tener una vida en plenitud.

Hay sistemas o métodos de relajación y meditación con los que se puede alcanzar el estado de plenitud y una vez obtenido, encontrará el principal anhelo de los seres humanos: la paz, entendida como el equilibrio sentimental, fisiológico y psicológico del ser humano.

La paz es el bien más preciado del hombre y es el fundamento de la felicidad; la pueden alcanzar todos sin distinción de raza, credo o nacionalidad porque es genética.

Esa condición de bienestar [22] se complementa con su capacidad de aceptar su entorno cuando es contrario a sus deseos; por el contrario, la infelicidad es la incapacidad de la persona de aceptar su salud y la realidad de su ambiente.

Los sentimientos negativos como ira, odio, rencor, envidia, celos, etc., cuando no se usan en forma correcta, destruyen la posibilidad de conseguir la felicidad.

Comparto la idea descrita en *La Felicidad en el Lugar de Trabajo* en el que su autor afirma que "*si nuestra idea de felicidad está vinculada o es sinónimo de alegría, esta idea es incompatible con el concepto de la felicidad como el fin del hombre y su sentido para venir al mundo, toda vez que, por definición, la felicidad es temporal y no permanente*". [23]

El mismo autor cita a la escritora británica Mary Wollstonecraft, quien alerta diciendo que ningún hombre elige el mal por ser malo; simplemente lo confunde con felicidad, con el bien que busca.

Todas las personas que cometen crímenes o atrocidades –afirma erróneamente la escritora– no creen que estén haciendo mal, solo consideran que actuando en esa forma tendrán felicidad; ellos no entienden el mal por malo sino para obtener un bien mayor.

¿Es injusta la naturaleza?

¿Calificaría usted de injusta a la naturaleza porque nacen niños con imperfecciones o deficiencias congénitas, sufren, o peor aún, mueren a corta edad, sin tener responsabilidad?

Afirmé con anterioridad que todos los sucesos que ocurren en la naturaleza son resultado de causas previas, conocidas o desconocidas. También afirmé que nuestros éxitos y fracasos son producto de nuestros actos o de cusas externas que no podemos controlar, pero que están perfectamente alineadas con leyes universales inquebrantables y omnipresentes.

Debido a ello puedo inferir que la causa de las alteraciones en el cuerpo de los niños, no son errores de la naturaleza, sino el resultado de las leyes naturales.

Me queda claro que los niños no tienen culpa alguna, pero ellos tienen también una función en la vida y atendiendo a la precisión e inmutabilidad del orden universal, puedo deducir que desde el momento en que es concebida una persona, ya está determinado su sexo, raza, padres, nacionalidad, temperamento y función en la vida.

La naturaleza no es justa o injusta, ni tiene actos buenos o malos; son las personas quienes la califican así cuando les beneficia o perjudica. Ella tiene sus propias reglas invariables, permanentes y universales por las cuales se rige y, aunque los hombres no las comprendamos o sintamos coraje, no van a cambiar, porque en los procesos de la naturaleza gobiernan siempre las leyes sobre los gustos del hombre y es indiferente a sus sentimientos, dolores o placeres.

Puedo decir lo mismo de los aparentes desórdenes que ocurren periódicamente en el mundo, como epidemias, terremotos, diluvios, plagas, etc., por ser parte del equilibrio de esas reglas universales, desconocidas o incomprendidas por los seres humanos.

Vivir es una orden de la naturaleza.

Las leyes dictadas por las sociedades humanas deben tener como fin favorecer el cumplimiento de las reglas de la naturaleza. Los gobiernos del mundo saben (aunque no entiendan de dónde viene esa instrucción) que todos sus gobernados, sin excepción, deben vivir el mayor tiempo posible, aunque sean vagabundos, drogadictos, delincuentes o estén enfermos, discapacitados o desahuciados.

Con la finalidad de cumplir con ese mandato los gobiernos imponen medidas de seguridad obligatorias a los constructores de casas o edificios y a los fabricantes de maquinaria, equipos y vehículos.

También buscan limitar la libertad de los ciudadanos obligándolos a usar cinturones de seguridad en los automóviles y a respetar límites de velocidad. Asimismo, tienen la obligación de combatir los delitos, la drogadicción, las enfermedades y buscar la paz social.

A pesar de lo anterior, algunas personas consideran tener derecho a disponer con libertad de su vida o salud porque –según explican– no están obligadas a prolongar su término de vida, ni están lesionando o invadiendo derechos de terceros y ellos son dueños de su propia vida y pueden hacer de ella lo que les plazca.

La razón esgrimida por los toxicómanos y los suicidas es que, así como las leyes civiles autorizan al hombre a disponer con libertad de los bienes de su propiedad, ellos alegan tener también el derecho de propiedad sobre su vida.

En mi entender, ese razonamiento es erróneo, pues ellos ignoran que las normas de la naturaleza no les conceden ningún derecho a los seres humanos, menos aún el de propiedad sobre sus vidas, sino por el contrario, los obligan a vivir impulsados por el instinto de supervivencia y no existe libertad para quebrantar una ley.

El parámetro universal.

¿Cuál es el parámetro que se debe utilizar para calificar un hecho humano como ley de la naturaleza?

Lo que es universal en todos los seres humanos sin importar la raza, religión o nacionalidad, es la medida que se debe utilizar para calificar un hecho como ley de la naturaleza.

Todos los individuos humanos [24] están programados para vivir ciento veinte años de su edad en perfecto estado de salud, [25] no obstante, en la actualidad solo viven en promedio sesenta y cinco años. Esto significa que no están cumpliendo con esas leyes y, por consiguiente, no alcanzan el término de vida para el cual fueron creados.

El hecho de que algunas personas lo hayan logrado [26] significa que todos pueden alcanzarlo, pues repito, las leyes actúan de la misma manera en todos los organismos.

El Génesis menciona que Dios sentenció: "*Mi espíritu no va a permanecer activo para siempre en el hombre, porque este no es más que carne, por eso, no vivirá más de ciento veinte años*". [27]

La esperanza de vida.

¿Cuáles son los parámetros que considera usted se deben utilizar para determinar si un país ha avanzado o ha retrocedido en el cumplimiento de las reglas de la naturaleza?

Puede haber varias respuestas, pero creo que el factor correcto para comprobar el cumplimiento de esas leyes es el promedio de vida (o esperanza de vida) de la población, el cual debe ser cada vez más alto debido a que la supervivencia y la longevidad son las principales normas que deben cumplir los seres humanos.

El promedio de vida actual en los países avanzados es elevado, en cambio, en los países con menor progreso es muy bajo. Eso demuestra que la humanidad no está cumpliendo con lo que ordenan las leyes.

Pero como esos decretos son universales y se aplican a todos los hombres sin distinción de raza o nacionalidad, la obligación de los países poderosos debe ser la de apoyar a los débiles para que tengan el mismo grado de desarrollo y la misma longevidad.

La historia ha demostrado que si los países ricos no cumplen con ese deber, tarde o temprano los pobres acabarán con los poderosos pues intuyen que su pobreza es causada en alguna forma por el abuso de éstos.

No debe haber sociedades humanas cuya riqueza sea causa de la pobreza de los marginados. Estos mantendrán una lucha constante para ser escuchados y reivindicados los derechos que les conceden las leyes de la naturaleza a su alimentación, trabajo, vivienda y descanso, y si no pueden hacerlo en su lugar de origen, migrarán a otros países para conseguirlos.

Lo anterior es independiente de que los países pobres cumplan con su obligación de producir ciencia y tecnología para evitar su extinción, pues no podrán subsistir después de agotar los recursos alimenticios naturales.

Opinión personal.

El espíritu hace trascender las obras que el hombre ha creado con amor cuando benefician a la comunidad haciéndolas perdurar aun después de la muerte de sus autores, así, podemos decir que las estructuras materiales, puentes y edificios, siguen siendo útiles a la sociedad; la música se sigue escuchando; las obras de literatura se siguen leyendo; los inventos le siguen dando comodidades y bienestar a las personas y los descubrimientos médicos les dan salud.

Pero cuando los trabajos no han sido hechos con amor, el espíritu no los hace trascender y pronto desaparecen.

Por eso considero oportuno hacerle la siguiente pregunta:

¿Qué son los inmortales?

El espíritu de cada persona es inmortal y una vez que pasa a ser parte del espíritu universal con la muerte de la persona, permanece en la historia y en el pensamiento de toda la sociedad humana, de todos los pueblos y tiempos del mundo.

Los personajes que han cursado por el mundo y dejan en sus obras beneficios para la humanidad, son llamados por la sociedad, inmortales: Beethoven, Gandhi, Edison, Pasteur, Jesús, etc.

LA CONCIENCIA.

Juan Jacobo Rousseau dijo hace más de doscientos años: "*Mis reglas de conducta las encuentro en mi corazón. Lo que siento que es bueno, es bueno. Lo que siento que es malo, es malo. La conciencia es el mejor de los casuistas*".[28 29]

Pero, ¿qué es la conciencia? ¿cómo le avisa a la persona que sus actos son buenos o malos?

La conceptualización de la conciencia ha recorrido un largo camino en la historia de la humanidad y hasta ahora, no se ha dilucidado su alcance en forma comprensible.

Su estudio se inicia en forma definida desde la cultura griega. Sócrates, Platón y Aristóteles, particularmente, abordaron su estudio para determinar su significado.

Tomás de Aquino y otros pensadores en el siglo XII continuaron el trabajo de los filósofos griegos y en los siglos siguientes, los filósofos religiosos, teólogos e investigadores cristianos, también se ocuparon de ella en muchos de sus estudios.

Es conveniente distinguir la consciencia, de la conciencia. La primera es la capacidad innata de todos los individuos (de todas las especies) de percatase de su entorno por medio de sus sentidos y actuar de acuerdo con ese conocimiento para conservar su vida y confort.

La segunda la llamo reflexiva o razonante y es exclusiva del ser humano a partir de la pubertad, quién aparte de la facultad que le da la consciencia, ahora desarrolla la capacidad de discernir entre el bien y el mal, y reflexionar sobre su propio ser.

Este concepto de conciencia tiene también como función avisarle a la persona cuando sus pensamientos no cumplen con las leyes de la moral. Esto significa que ella sabe lo que altera su bienestar aún desde antes de que actúe mal, porque la conciencia está en su código genético. [30]

La moral y la conciencia tienen una relación tan estrecha que no puede definirse una si no existiera la otra, pues en la primera están las leyes del comportamiento correcto del ser humano y la segunda, además, lo hace consciente de su observancia o incumplimiento.

Como ya dije, la conciencia en el hombre es parte de su espíritu, de su parte interna, inmaterial, junto con la mente, el *ánima* y la vida. Es genética y universal debido a que la tienen todas las personas sin distinción de raza, credo, género o condición social; no es adquirida.

Existe infusa en el organismo desde su nacimiento, pero permanece latente y se empieza a desarrollar a partir de su niñez, alcanzando su máxima capacidad cuando termina la adolescencia.

Un infante [31] por ejemplo, no tiene conciencia para calificar de buenos o malos sus actos. Lo mismo sucede –en algunos casos– con los menores de edad legal quienes, al no tenerla desarrollada en su totalidad, en muchos países no los pueden juzgar como a un adulto o bien, lo hacen en tribunales especiales.

La conciencia está identificada experimentalmente en el hipotálamo del ser humano y sus funciones están sistemática y estadísticamente comprobadas.

El apóstol Pablo dice que las leyes de la naturaleza están grabadas en el corazón de todos los hombres. [32]

Funcionamiento de la conciencia.

Basándome en razonamientos personales deducidos del estudio y observación de los seres humanos y en estudios experimentales, he llegado a la conclusión de que los desórdenes que ocurren en el metabolismo de las personas cuando incumplen con alguna ley de la naturaleza, son producidos por las glándulas de secreción interna causándoles padecimientos.

La conciencia vigila y registra los pensamientos, sentimientos, [33] emociones [34] y acciones del hombre para que su conducta sea congruente con esas leyes.

Ella (la conciencia) siempre está latente en el organismo de la persona y nunca desaparece, pero sus indicaciones son variables en cada individuo porque pueden ser sometidas por su voluntad impidiendo que se dé cuenta cuando está incumpliendo con un mandamiento de la naturaleza.

Tratando de esquematizar su funcionamiento, me imagino a la conciencia como un "monitor" o "pantalla" en el que está estampado o grabado el modelo "perfecto" del hombre; una imagen ideal conocida como "yo interior" o "superego" –como lo llaman los psicoanalistas– y es el modelo [35] o patrón [36] de las acciones, sentimientos y emociones correctas del hombre.

Conforme a esa imagen ideal, las glándulas hormonales segregan líquidos bioquímicos adecuados para que el organismo trabaje en homeostasis.

Pero cuando la persona ejecuta una acción incumpliendo con una ley de la naturaleza, la conciencia la detecta debido a que no coincide con la imagen que tiene registrada del ser humano ideal y envía un aviso al individuo como una especie de "voz interior" notificándole la incongruencia y en el mismo acto, las glándulas endocrinas reciben del hipotálamo la orden de producir hormonas adicionales a las normales y las secreta en el sistema circulatorio ocasionando trastornos en el organismo del infractor.

No tenemos forma de conocer la calidad o magnitud de los daños causados por desobedecer un precepto de la naturaleza, debido a que no conocemos el grado del incumplimiento; tampoco tenemos estadísticas para determinar pautas o parámetros entre el incumplimiento de la ley y la penalidad.

Pero lo que sí puedo asegurar es que la inobservancia a cualquier mandato de la naturaleza aun cuando lo ignore el infractor, ocasiona deterioro en su organismo perdiendo su bienestar o recibiendo otras sanciones naturales indeterminadas.

La vergüenza, el arrepentimiento y el sentimiento de culpa, [37] *son partícipes en la conducta impropia de los seres humanos.*

Avisos de la conciencia.

De lo expuesto, surge una incógnita: ¿cómo puede saber una persona cuando está incumpliendo una ley de la naturaleza si desconoce la mayoría de ellas?

Esto lo puede saber porque aparte de los avisos de la conciencia, el individuo actúa a escondidas de los demás o trata de ocultar un acto ya que, al estar la conciencia estampada en su código genético, él intuye, sabe que su acción es indebida y que está haciendo algo vergonzoso, ilícito o deshonesto y su conciencia se lo está notificando. Todo lo que se oculta o disfraza, está mal, aunque no le haga daño a nadie.

Le voy a formular una pregunta íntima que tal vez nadie se atrevería a hacerle: ¿aceptaría por gusto o a cambio de una cantidad importante de dinero, que le tomen una foto de sus genitales sin que nadie se entere a quién pertenecen y sin que aparezca su cara o alguna parte reconocible de su cuerpo?

Tal vez usted piense que esa acción no tiene trascendencia porque nadie sabrá que usted la originó, pero puedo asegurar que cualquier acción de una persona provocando o induciendo a otra a desobedecer un mandamiento de la naturaleza, es actuar en contra de las leyes de la moral y la consecuencia por esta acción es inevitable para su autor.

Esta opinión personal se puede relacionar con la doctrina de Jesús cuando dijo: "*Pero yo les digo: Todo el que mira a una mujer deseándola, ya cometió adulterio con ella en su corazón*". [38]

EL AMOR, LA MORAL Y LA ÉTICA

El amor siendo humano tiene algo de divino (...) porque hasta Dios amó.[39]

– Felipe Pinglo Alva.

El amor es la mejor forma de vivir más años con salud y en paz debido a que mantiene el organismo del hombre en homeostasis y en su modo de ser.

A pesar de que el amor es la virtud más importante de los seres humanos, algunas personas son egoístas, abusivas, arbitrarias o corruptas, ¿por qué?

Antes de responder a esa pregunta, voy a precisar su definición: *el amor es una ley natural genética que obliga al ser humano a entregarse con toda su inteligencia, voluntad y energía para el bienestar propio, de sus semejantes y mejorar su medioambiente para preservar su supervivencia y alcanzar su longevidad.*

El amor está integrado por el total de los sentimientos positivos del hombre y se manifiesta externamente por medio de afecto, cariño, perdón, altruismo, tolerancia, comprensión, paciencia, honradez, solidaridad, generosidad, amabilidad, respeto, compasión y muchos más.

No puede llamarse amor a alguno de estos sentimientos en forma individual porque son solamente una expresión de él. Solo el conjunto de todos ellos compone el amor.

Los sentimientos positivos son llamados así (positivos) ya que favorecen el equilibrio del metabolismo dándole salud a la persona y como consecuencia, logran su longevidad.

Hay un solo tipo de amor. Los llamados amor maternal, platónico, espiritual, filial, etc., son retóricos.

El cristianismo proclama la primacía del amor sobre la justicia. El papa Juan Pablo II dijo: "*El amor supera la justicia y la completa siguiendo la lógica de la entrega y el perdón*". [40]

Eso significa que perdonar no es olvidar, sino recordar sin dolor ni rencor. El perdón es parte importante del amor.

El amor se manifiesta por medio de actitudes, palabras y acciones, y debe regir la conducta y el comportamiento del ser humano.

Esa es la actitud correcta de una persona pues favorece su equilibrio interior. Esto implica que, aparte de tener pensamientos positivos de bondad, paz y armonía, es necesario hacer buenas obras, es decir, hacer el bien y trabajar bien. [41] [42]

El amor debe dominar todas las actividades del hombre. Cuando sus obras (trabajos, servicios, artículos, productos, etc.) las hace lo mejor posible y favorecen, agradan o benefician a la gente –y en el caso del empresario, paga salarios justos–, está actuando con amor.

Esas labores generan siempre reciprocidad beneficiando a su autor, porque las buenas acciones producen siempre buenos efectos. [43]

Ashley Montagu [44] dice que el ser humano nace con una necesidad innata de amor, con una necesidad de responder a él, de ser bueno, cooperativo. Todo lo que se oponga a él, a la bondad y a la cooperación, es inarmónico, quimérico, inestable y disfuncional: es malo.

Sigue diciendo Montagu que si las necesidades de un niño fueran adecuadamente satisfechas, no podría dejar de ser bueno, es decir, de amar. Todas las inclinaciones naturales del hombre se dirigen hacia el desarrollo de la bondad y hacia la interrupción de los estados de displacer.

Es importante mencionar que algunos autores[45] van más allá del concepto popular de amor y lo consideran como sinónimo de armonía y equilibrio del universo, una energía que todo lo une y estabiliza. Esta concepción supera el concepto humano de amor que analizo en este libro y dada su importancia, amerita un estudio más profundo.

En ese tenor, Einstein dijo[46]: "*Hay una fuerza extremadamente poderosa para la que hasta ahora la ciencia no ha encontrado una explicación formal. Es una fuerza que incluye y gobierna a todas las otras, y que incluso está detrás de cualquier fenómeno que opera en el universo y aún no ha sido identificado por nosotros. Esta fuerza universal es el amor. Cuando los científicos buscaban una teoría unificada del universo olvidaron la más invisible y poderosa de las fuerzas*".

El amor y el sexo.

Es impropio llamarle amor al acto sexual. Este error se debe a que en griego existen las palabras *agăpe* para designar el amor y *eros* para referirse al sexo. Pero el problema de la ambigüedad de nuestra palabra amor aparece al traducir del griego al latín; en éste hay una sola palabra (amor) para los dos significados griegos. El español, como lengua romance,[47] arrastra la misma ambivalencia.

El placer sexual es una gratificación que tiene la especie humana para propiciar la reproducción y conservar la especie. Cuando además de la satisfacción del placer sexual intervienen el afecto y el cariño, entonces podemos llamarle amor, pero es debido a estos sentimientos y no por causa del acto sexual.

El amor debe ser permanente en cualquier edad. Los deseos son temporales, también a cualquier edad. El amor es un unidor permanente. El sexo es más desunidor que unidor cuando se practica sin amor.

El sexo no es requerido en absoluto cuando se trata de dar amor a nuestros semejantes, pero cuando respeta las leyes de la creación, entonces sí es amor.

¿Pueden amar los animales?

Esa pregunta confunde mucho a las personas, pero los animales no tienen esa cualidad, sin embargo, algunos de ellos tienen visos del amor que expresan con cariño o afecto, pero carecen de los demás sentimientos que lo forman, como la generosidad, el altruismo, la caridad, misericordia, etc. Los visos [48] de amor en las especies inferiores al hombre, se quedan solo en visos.

Las pasiones y las perversiones.

Los instintos negativos que llamo pasiones son la antítesis del amor y están constituidas por sentimientos negativos, tales como odio, rencor, egoísmo, celos, envidia, ira, ambición [49] y otros, como lo veremos más adelante cuando abordo el tema de la moral.

Cuando las personas dan libertad a sus pasiones, sus glándulas de secreción interna producen hormonas en exceso de las normales desquiciando su metabolismo causándoles enfermedades; ellas destruyen la posibilidad de obtener el equilibrio para el cual fue creado el ser humano.

Algo importante de resaltar y respondo a la pregunta que hice en el inicio de este capítulo, es que el hombre nace también con la capacidad de exteriorizar sus perversiones [50] o maldades, como ser abusivo, arbitrario, ventajoso, egoísta, corrupto, traicionero, chantajista, etc., porque cree que actuando así garantizará su supervivencia.

Esa apreciación no es correcta pues los mandamientos de la naturaleza, en especial el amor, la moral y la ética, le ordenan al hombre dominar sus instintos en su propio beneficio y el de los demás para tener salud y vivir en paz en su comunidad.

Esas pasiones están latentes en todos los hombres porque son genéticas, aunque su intensidad y manera de exteriorizarlas sea diferente en cada persona, incluso, en muchas de ellas no alcanzan a emerger debido a la educación o al medio ambiente en el que se desarrollan y se quedan en su interior solamente como potenciales.

Pero cuando las personas no las controlan y las exteriorizan causando daño a otro de sus semejantes, están en predisposición de ser sancionadas por la autoridad de la sociedad humana y si esta no existe, la justicia la ejercerá aquel que crea tener el poder para actuar.

Adicionalmente a la condena social, la persona sufrirá menoscabo en su organismo, no sabemos en qué proporción, pero el daño es inexorable.

¿El hombre es malo por naturaleza?

Si lo antedicho sobre las pasiones (perversiones o maldades) dañan el organismo del hombre y a la sociedad ¿por qué las tenemos y qué objeto tienen?

Estas capacidades son parte de la naturaleza humana debido a que están contenidas en el ADN de su código genético; no son malas, pero como sucede con todos los sentimientos negativos que explico en el título de la moral, la naturaleza lo ha dotado de ellos para ser utilizados en caso de emergencia cuando tiene que defender su sobrevivencia, pero son recursos de uso temporal, momentáneo y no deben ser usados en el diario vivir por su poder destructivo hacia el propio individuo.

Por ejemplo, en el ataque de un león, la persona puede luchar o huir, pero si vive como si el león lo estuviera siempre atacando, los altos niveles de estrés provocados por el estado de ánimo alterado y continuo ocasionarán quebranto en su salud.

El bien y el mal.

Algunas personas consideran que Dios es el autor del bien [51] y el mal, [52] sin embargo, estas calificaciones son motivadas por la actividad de los instintos del ser humano: el mal (el diablo o demonio) es la acción de los instintos cuando desbordan las leyes de la naturaleza, el bien, es el acatamiento de dichas leyes.

En efecto, los hombres son los causantes del mal al no controlar y exteriorizar sus pasiones. El único antídoto contra esos sentimientos negativos es viviendo en amor. Cuando todos los humanos lo vivan con integridad la sociedad tendrá paz, ingrediente principal de la felicidad.

En la naturaleza no existe lo bueno y lo malo, lo bello y lo feo, lo justo o injusto; lo considerado por el hombre como negativo no lo es en sí mismo, sino en la forma como lo percibe.

El amor en la vida diaria.

Amar a todos los seres humanos y a la naturaleza es vivir en armonía y equilibrio, además, es una obligación reglamentada en las leyes universales y es ilícito omitir el cumplimiento de un acto ordenado.

Voy a citar algunos ejemplos prácticos del amor en el ser humano:

- Se despersonaliza para servir a su prójimo.
- Tiene paz interior y bonhomía. [53]
- Perdona a sus ofensores sin guardar rencor.
- Su lealtad, sinceridad y honradez, son intachables.
- Actúa con altruismo.
- Jamás lastima a sus semejantes.

- Busca solidarizarse ayudando a quienes sufren penas, calamidades o desgracias.
- Procura satisfacer las necesidades de los demás, aun dando los bienes propios.
- Acepta de buen agrado las opiniones, errores, prácticas y defectos ajenos.
- Cuida su medioambiente.

La paz es parte del amor y es el único camino hacia la felicidad del ser humano; es el bien más grande que un hombre puede obtener. Es de carácter universal sin importar raza, sexo o nacionalidad y puede ser permanente en términos humanos; es de origen genético, natural, es lo que podemos llamar felicidad verdadera, pero es mejor llamarla por su nombre: la paz.

El hombre ha sido creado para buscar y lograr la paz. *La paz, sí es el objetivo de la humanidad.*

LA MORAL

La Real Academia Española define la moral como lo que es "*conforme con las normas que una persona tiene del bien y del mal*" y que "*concierne al fuero interno o al respeto humano*". [54]

No comparto la primera acepción de la definición debido a que sugiere que la moral es diferente en cada persona según la idea que tenga del bien y del mal porque como lo explico más adelante, la moral es universal para todos los seres humanos, pero coincido con la segunda acepción ya que la moral es parte del fuero interno del hombre.

El objeto de la conciencia -como lo dije- es avisarle a la persona cuando sus pensamientos no cumplen con las leyes de la moral. No es acertado llamarlas leyes morales porque no se deben calificar las leyes de morales o inmorales. Lo inmoral no es la ley, sino el incumplimiento a ella.

Concepto.

Las leyes de la moral (también se le conocen como moralidad), al gobernar la conducta de los seres humanos, son parte de su espíritu y se transmiten por herencia debido a que son leyes naturales. *Puedo definirlas como el conjunto de normas genéticas que rigen la conducta interna del hombre, impulsándolo a amar a sus semejantes y a la naturaleza, y a equilibrar su alimentación, actividad sexual y sentimientos para mantener la homeostasis de su cuerpo.*

Estas leyes son parte del espíritu de cada individuo humano (igual que las del amor y la ética) y su objetivo es que las glándulas de secreción interna funcionen en óptimas condiciones para darle salud a la persona.

Cuando una persona incorpora a sus pensamientos el amor a sus semejantes y a la naturaleza no puede actuar mal porque su moralidad se lo impide; todos sus actos serán acordes a estas leyes.

Pero en donde generalmente falla debido a su desconocimiento, es en el cumplimiento de las leyes que regulan su alimentación, sexualidad y sentimientos (estados de ánimo).

Esas leyes son tan exactas y precisas como las de la física o química, con la diferencia de que son difíciles de medir o cuantificar debido a que cada persona tiene diferente forma de pensar y de vivir, sin embargo, voy a establecer las reglas generales de estas leyes.

Las leyes de la supervivencia -como ya dije- obligan al hombre a comer, beber, reproducirse, etc., y sus instintos lo inducen a excederse debido al placer que le causa satisfacerlos, pero la moralidad le sugiere moderarlos para mejorar su calidad de vida; cualquier abuso de placer se convierte en vicio.

Así pues, vamos a analizar cada una de estas leyes *dejando por sentado que el amor es la principal expresión de la moral y la ética.*

Leyes que rigen la alimentación.

Este grupo de leyes obligan a su organismo a ingerir con moderación y equilibrio los víveres necesarios para funcionar con eficiencia (carbohidratos, proteínas, vitaminas, minerales, grasas, etc.) según su estado de salud, edad y condición física, así como los horarios que deberá seguir para comer.

El hombre debe determinar la cantidad, calidad y variedad de alimento que requiere para que los programas (leyes) que regulan los procesos de su organismo (digestión, metabolismo, nutrición, etc.) trabajen en forma óptima, debiéndose apoyar en caso de estimarlo necesario en nutriólogos o en médicos bariátricos. Si come con desorden o en exceso de lo establecido por estas reglas, su organismo le avisará haciéndole sentir remordimiento [55] y de paso, menguará su fortaleza.

Las prácticas sexuales.

El comportamiento sexual del ser humano está también reglamentado por la moralidad al regular el uso y frecuencia de sus actividades sexuales, incluyendo sus pensamientos porque estimulan la libido (deseo sexual).

No existe un estudio científico sobre estas normas, sin embargo, como ocurre con todas las reglas de la naturaleza, el abuso del sexo ocasiona daños en el organismo del infractor o puede recibir otras sanciones naturales que desconocemos.

Una de las razones de esa afirmación se deba a que el zinc es un elemento esencial para el funcionamiento de las células cerebrales, el sistema óptico, el sistema nervioso y la glándula prostática.

El semen del hombre contiene múltiples minerales entre los que destaca un alto contenido de zinc. Se estima que en cada eyaculación se elimina hasta un miligramo de este mineral. [56] [57]

Cuando las personas abusan de su actividad sexual, se arriesgan a que se debiliten sus células cerebrales y, adicionalmente, puede causar trastornos neurodegenerativos como depresión y Alzheimer. [58] [59]

La naturaleza nunca actúa de improviso. Siempre le avisa a la persona cuando va a sufrir una lesión por haberse excedido en su actividad sexual.

La disfunción eréctil, por ejemplo, cuando no tiene su origen en problemas sentimentales, emocionales u orgánicos, es una llamada de atención de la naturaleza para avisarle que se ha excedido en la práctica de su sexualidad y que debe suspenderla por un tiempo.

Si él hace caso omiso al aviso que le está dando su cuerpo y continúa propasándose en su actividad sexual, basándome en la observación y en el razonamiento puedo asegurar que, en algunos casos, lesiones como los derrames cerebrales, son el resultado del abuso del sexo.

Las investigaciones que se han llevado a cabo en instituciones científicas serias (como la Clínica Mayo en Rochester, Minnesota, E.U.A.) llegaron a concluir que la disfunción eréctil puede ser el primer signo de enfermedades cardíacas.[60] [61]

La masturbación no es una práctica propia de la adolescencia o juventud, también la practican los adultos. Tampoco es un acto natural o necesario como afirman algunos; si así fuera, debería programarse su uso en el seno familiar y los padres fijar horarios y rutinas para que sus hijos se masturben sin inhibiciones y sin peligro de traumas sexuales o bochornos sociales, pero las sociedades la rechazan porque intuyen lo antinatural de la práctica.

Actualmente se dan conferencias y consejos a los jóvenes y adultos de las precauciones que deben tomar en sus prácticas sexuales, tales como el uso del condón para evitar enfermedades de transmisión sexual y embarazos, así como para protegerse de los problemas que pueden ocurrir cuando se practican con personas casadas, pero no dan información sobre el respeto que se debe tener hacia las leyes de la naturaleza.

Estos consejos se pueden comparar con los que se darían en un país hipotético en el que priva la corrupción para orientar a la gente sobre la manera de ofrecer y recibir sobornos en forma oculta y sin riesgos, advirtiéndoles que las transas se deben hacer a escondidas y ser confidenciales, e instruyen a los delincuentes sobre cómo evitar el castigo.

A los consejeros sobre temas sexuales no se les ocurrió recomendar el respeto a las leyes de la naturaleza para evitar la sanción, sino que, absurdamente aconsejan sobre cómo evadirlas para evitar riesgos.

En una sociedad donde la promiscuidad es costumbre, existe una relajación [62] de conducta que, en caso de no ponerle coto -en mi opinión- llegará a extinguir al grupo social que la practica.

Las personas saben, intuyen, lo que es natural y lo que no lo es ya que, en su interior, en su código genético, están labradas las leyes naturales que gobiernan su organismo y por eso captan la diferencia entre el bien y el mal.

Ninguna autoridad civil o religiosa está capacitada para dictar leyes universales que amparen los actos sexuales de las personas debido a que esta actividad sólo la puede regular la naturaleza.

Los científicos deberán investigar para descubrir los límites entre los cuales se considere normal el número de orgasmos, los límites de la edad y los tiempos que debe practicarse el acto sexual.

El desenfreno sexual, a mi juicio, ha sido uno de los principales causantes de los problemas de la humanidad, pues además de haber ocasionado violaciones y homicidios durante siglos, es el causante de la sobrepoblación, la cual es un agente de destrucción tremendo, pues produce escasez de agua y comida, así como la contaminación de ríos, lagos, mares y el ambiente.

Los placeres.

El ser humano solo tiene dos placeres que son los únicos indispensables para la supervivencia de la raza humana: la comida y el sexo. Los demás satisfactores, mal llamados placer de viajar, de leer, escuchar música, etc., no pueden llamarse así por no tener el grado o la intensidad del placer, pero sobre todo porque no son universales, es decir, no los tienen todos los seres humanos ni se transmiten por herencia.

Los sentimientos.

Las leyes de la moral administran también los sentimientos positivos y negativos de las personas. Los positivos como alegría, felicidad, satisfacción, gozo y contentamiento, hacen que las glándulas endocrinas funcionen con precisión dándole salud al individuo.

Los negativos pueden ser internos o externos. Los primeros, como odio, envidia, resentimiento, rencor, obsesión y egoísmo, producen desequilibrio metabólico cuando se usan en forma constante debido a que segregan hormonas y líquidos bioquímicos en exceso de los normales causándole padecimientos como úlceras, artritis, diabetes y otros males

Los sentimientos negativos que exterioriza la persona, como venganza, cólera, ira, avaricia, hipocresía, lujuria, crueldad y ambición, pueden provocar violencia social debido a su potencial agresividad. En ellos radica la maldad de la humanidad.

Esos estados negativos –en especial el egoísmo– acallan la ley del amor impidiendo que la persona razone correctamente.

Los seres humanos también están provistos de emociones positivas y negativas; las positivas, como euforia, júbilo, alborozo o regocijo, benefician su salud y longevidad, mientras que las negativas, como estrés, ansiedad, angustia, pánico, depresión, tristeza y miedo, producen la secreción de hormonas en exceso de las normales descompensando su metabolismo y produciendo enfermedades.

Se debe descubrir el nivel de hormonas que deben tener las personas para considerarlas normales. La cantidad de bilis entre niveles por la ira, odio, rencor, estrés, angustia, ansiedad, etc., y el desequilibrio hormonal, se deberán medir para determinar los casos en los que se produce el cáncer.

Una persona es moral cuando cumple los mandatos de la naturaleza en forma espontánea, voluntaria y no coaccionada. No es inmoral cuando no los cumple por ignorancia o coaccionado, pero la sanción es inevitable.

Cuando un hombre no cumple con las leyes de la moral, se le puede llamar inmoral, pero es más propio llamarlo corrupto. [63]

La orientación que ha ido tomando la moral a través del tiempo se inclina hacia lo divino y religioso. Las religiones se han posesionado de la moral y se han convertido en directores y vigilantes de la conducta de sus feligreses adjudicándose la facultad de calificar sus actos como buenos o malos, pero eso no es correcto ya que todos los seres humanos están sujetos a las leyes genéticas e invariables de la moral con independencia de la religión o ideología que profesen.

La moral es una sola y es universal. No podemos hablar de moral cristiana porque tendríamos también moral pagana, islámica, judía, etc.

En las escuelas se deben enseñar las leyes de la moral para capacitar a los niños y jóvenes sobre el conocimiento de las normas que rigen su alimentación, sexualidad y sentimientos, incluyendo el amor a sus semejantes y hacia la naturaleza.

También se les debe instruir sobre las consecuencias negativas del incumplimiento a cualquiera de ellas para que tengan una vida sana, tanto física como emocional y puedan vivir en paz en la sociedad a la que pertenecen.

Hago esta recomendación debido a que esos mandamientos son genéticos, universales e invariables y se aplican a todos los seres humanos de todos los países sin distinción de religión, raza, sexo, edad o condición social.

Los valores morales.

Los llamados valores morales son solamente una agrupación de buenos deseos que tratan de orientar a la persona para mejorar su comportamiento en lo social, cultural, ético y estético. Son impulsos afectivos diferentes en cada individuo y variables en las etapas de su vida y al no ser universales para todos los seres humanos, no son leyes de la naturaleza.

Afirmo lo anterior porque no existen parámetros para evaluarlos; cada persona tiene su medida particular sobre ellos, por ejemplo, no se puede medir la honestidad, las buenas maneras, el decoro, la decencia o la integridad; lo que es honesto para muchos, es deshonesto para otros. Lo mismo podemos decir de la decencia y de todos los llamados "valores morales".

Por esa razón sería inaceptable que los maestros en la escuela les enseñen "sus" valores a nuestros hijos, si no coinciden con los nuestros. Los padres son quienes deben transmitir a sus hijos la información necesaria para que ellos cumplan con las leyes de la moral.

Otras actividades morales importantes.

Hay otras actividades que debe realizar el hombre para optimizar su salud, como el ejercicio y la respiración profunda, pero no forman parte de este libro por su dificultad para precisar su intensidad, frecuencia o cantidad.

El ejercicio físico es tan importante como la alimentación toda vez que ayuda a la persona a incorporar al cuerpo los nutrientes y las sustancias que ingirió, así como mejorar la regeneración de los tejidos y el sistema inmunológico.

Lo mismo puedo decir de la respiración profunda porque el diseño natural del hombre es para respirar aire puro; si respira aire impuro o inhala humos o vapores innecesarios, podrá sobrevivir, pero reducirá su bienestar y término de vida.

¿Cambia la moral con el tiempo?

Algunas personas consideran que la moral debe modernizarse con el transcurso del tiempo y adaptarse a los cambios de mentalidad de las personas porque, según ellos, tiene origen en las costumbres o tradiciones de los pueblos. Para ellos, la sociedad es quien decide lo que es moral o inmoral en una época y lugar determinados, conforme a sus costumbres.

Este pensamiento es erróneo debido a que las cualidades que distinguen la moral, de las costumbres o tradiciones, son opuestas.

Estas diferencias son, principalmente:

1. La moral es universal, invariable y genética, por consiguiente, es idéntica en todos los seres humanos y en cualquier lugar del mundo. Lo que

es bueno o benéfico para el hombre o la sociedad, no cambia nunca. Las costumbres, en cambio, son locales, temporales, cambian con frecuencia y no son heredadas, sino adquiridas.

2. La moral es interna e individual, pues cada persona debe cumplir internamente con sus obligaciones morales. Las costumbres son externas y plurales porque los seres humanos las exteriorizan en la comunidad en que viven.

3. La moral es una ley de la naturaleza y crea obligaciones internas para que los individuos tengan salud y bienestar. Las costumbres, en cambio, no son obligatorias sino opcionales y son externas a ellos y son solamente para la convivencia social.

Las costumbres, los hábitos y las habilidades, son comportamientos de las personas que se aprenden o adquieren voluntariamente y que se repiten por rutina volviéndose mecánicos. Son caracteres adquiridos.

Por otra parte, si observamos pueblos con distintas costumbres comprobaremos que los que cumplen con las normas de la moral, tienen un promedio de vida mayor comparado con los que no lo hacen. Esto pone de manifiesto la evidente necesidad de cumplir con estas leyes.

LA ÉTICA

¿Cuál es la diferencia entre ética y moral? Las definiciones de estos conceptos que aparecen en los diccionarios modernos son ambiguas y no siempre tiene el mismo significado, por eso los escritores las usan con arbitrariedad.

Los filósofos griegos, Sócrates, Platón y Aristóteles dedicaron muchos de sus estudios a la ética. En esa época, la historia nos ha informado que los conceptos de ética y moral, eran sinónimos.

La diferencia entre ambas palabras era su origen: *ethos* o *ethĭkós* era ética o moral para los griegos, pero significaba también costumbre o hábito; *Morālis* era moral o ética para los latinos, pero significaba también carácter

Aunque Aristóteles conocía la ética y sabía que existían las leyes de la naturaleza, nunca las relacionó, pues no sabía que también gobiernan los sentimientos y la conducta de los seres humanos e influyen en su felicidad. Si el genio de Aristóteles las hubiera conectado, el pensamiento de la humanidad hubiera sido muy diferente del que tenemos ahora.

La conducta de los seres humanos la estudiaron, principalmente, Aristóteles y Platón; Sócrates en menores alcances. Los filósofos actuales siguen, casi sin modificación, las enseñanzas aristotélicas como modelo en la actualidad de lo que ellos llaman ética y moral.

No tienen avanzado un ápice de lo que los filósofos griegos dictaron sobre ellas en sus cátedras y actualmente sus enseñanzas son obsoletas por la falta de precisión y universalidad y no aportar ningún beneficio a la sociedad.

Concepto.

Definiré la palabra ética en función de la acción moral. La moral y la ética son la expresión plena de la ley del amor. La ética, la moral y el amor, son parte del espíritu del ser humano y al ser leyes universales de la naturaleza, son genéticas.

La ética es la exteriorización espontánea, por iniciativa propia y sin coacción externa de la conducta moral del individuo humano (sus pensamientos) frente a la sociedad de la que forma parte.

Es, en cierta forma, un equivalente de los actos justos o correctos del individuo moral cuando exterioriza sus pensamientos beneficiando a terceros.

La ética es el sentido común del ser humano; el actuar correctamente conforme a las reglas no escritas que son buenas, justas o benéficas para la sociedad.

Conducta ética.

Resumo la conducta ética del hombre en las siguientes situaciones de la vida:

- Ama a todos sus semejantes, incluso a sus enemigos que lo dañan.
- No saca ventaja de sus tratos de negocios.
- Cumple la palabra dada.
- Es fanático de la verdad; no miente. La sinceridad y la rectitud son sus normas invariables.
- Su fidelidad es intachable.
- Nunca rehúye sus obligaciones.
- No responde al mal con el mal.
- No abusa de los bienes que se le confían y respeta los ajenos.
- Actúa con desinterés y no espera retribución ni compensación por sus acciones.
- Respeta la dignidad de sus semejantes (los derechos humanos).
- Se hace responsable de conservar la vida y longevidad de sus congéneres.
- Busca la paz y armonía en su comunidad.
- Favorece las leyes dictadas por la sociedad.
- No infracciona las leyes de la naturaleza.
- Ayuda a los demás a cumplir con las leyes naturales.
- No obstruye ni interfiere en los procesos naturales.
- Respeta el equilibrio ecológico y lo restablece cuando ha sido fracturado.
- Cuida a los animales y plantas.
- Evita la contaminación de los ríos, lagos, mares y del ambiente.

Puedo resumir la ética en una sola expresión: una conducta externa es ética cuando concuerda con las leyes de la naturaleza. El valor ético desaparece cuando la persona obtiene complacencia por sus actos.

Las opiniones de las personas sobre la ética no modifican su validez universal porque en las leyes de la naturaleza no hay democracia.

La inobservancia de la ética, ha ocasionado graves problemas del mundo, tales como violencia, crueldad, hambruna, enfermedades, miseria, guerras, luchas fratricidas, raciales y religiosas.

Actos no éticos.

Voy a mencionar algunos actos de personas carentes de ética, y que además, son inmorales:

- El médico que provoca un aborto con consentimiento de la mujer, y ella también es inmoral.
- El biólogo que modifica el código genético de vegetales, frutas, animales o del hombre
- Las personas que agreden, roban, ofenden, humillan, traicionan, engañan, desprecian, o lastiman a otras.
- Los hombres que violan la paz y armonía de la sociedad.
- Los individuos que fabrican o alteran embriones humanos, y quienes se prestan a esas prácticas.

- Los talabosques que no recuperan los árboles talados, es decir, no siembran nuevos árboles rompiendo el ciclo ecológico.
- Quienes causan la muerte a los animales sin fines de aprovecharlos como alimento.
- Los que maltratan a los animales o a las plantas.
- El infractor de los procesos naturales que rompe el equilibrio ecológico.
- Los hombres que contaminan la naturaleza o evitan su desarrollo.
- El político que sustrae fondos del erario, o abusa del poder.

La clonación humana es una transgresión a las leyes naturales, de un programa establecido genéticamente. Ningún proceso natural debe ser interrumpido o modificado por manipulación de lo que la naturaleza ha creado porque ella no requiere de cambios. La naturaleza ha establecido un equilibrio y dictado leyes para mantenerlo. Los humanos sólo deberán mantener ese equilibrio obedeciendo sus dictados.

Diferencia entre ética y moral.

La diferencia entre estos conceptos es sustancial debido a que la primera es interna y unilateral [64] mientras que la segunda es externa y plurilateral.

La moral se refiere a razonamientos internos, personales; la ética obedece a valores sociales, externos. El cumplimiento de la ética y la moral debe ser altruista.

En la actualidad, ambos conceptos ya no se usan con frecuencia como sinónimos, pues en muchos escritos literarios, filosóficos, jurídicos, etc., en donde se usa el término ética, se puede entender su significado y si en esos escritos se cambia ese término por el de moral, cambia también su sentido.

La diferencia entre ambos conceptos se muestra con claridad en el caso de la persona que es inmoral en sus pensamientos, pero en sus transacciones comerciales actúa con ética.

Cuando la acción de un hombre se exterioriza para perjudicar a terceros o a la naturaleza, puede ser sancionado por la sociedad pues el cumplimiento de los principios éticos sí está sujeto al juicio y aprobación de ella.

La ética profesional se equipara a honestidad y lealtad debido a que se refiere a la relación del individuo con terceras personas con independencia de que sus pensamientos sean morales o inmorales, por esa razón, a la ética profesional no se le puede llamar "moral profesional".

La ética exige poner en práctica las buenas ideas. Los buenos sentimientos no tienen valor ético, solo moral y solo benefician a la persona, no a la sociedad. Ellos pertenecen al campo de la moral.

Cuando un hombre es justo en sus pensamientos y acciones, su actuación es moralmente correcta y también está actuando con ética.

De igual modo, las omisiones de una persona pueden carecer de ética como sucede en el caso del individuo que se niega a ayudar a una persona hambrienta cuando está en posición o situación de poder hacerlo.

Opinión personal.

El comportamiento ético debe ser espontaneo y altruista, sin esperar retribución. Cuando una persona da limosna para que lo vean los demás, ese acto se llama vanidad, no es ético, en consecuencia, no alcanza a recibir los beneficios de esta ley.

Esos beneficios son los que se obtienen de las leyes de la naturaleza que rigen al hombre cuando se cumple con ellas. Este es un paso importante en la obtención de la felicidad.

El hombre está obligado a contribuir a la conservación de la vida y bienestar de sus semejantes, pero nadie puede calificarlo de inmoral cuando no lo hace, porque ninguno puede obligarlo a dar ayuda.

En resumen: la ética es el amor a la naturaleza, incluyendo, por supuesto, a los seres humanos.

Conclusión

En las leyes de la naturaleza está el único parámetro que podemos tomar como infalible y universal para no cometer errores de juicio. Ellas son la única verdad absoluta hasta donde el conocimiento humano puede comprobar.

El conocimiento de estas reglas es indispensable y necesario para corregir la errática conducta de los seres humanos, pues al ser parte de la naturaleza, están obligado a vivir en armonía con ellas para tener salud, energía y bienestar porque son eternas, permanentes, invariables, universales y se aplican a todo el género humano sin excepción de raza, credo, edad, nacionalidad o condición social.

Todo en el universo (incluyendo los pensamientos, sentimientos, emociones, el organismo, la conducta y actividades de las personas), está sujeto a esas leyes. En los seres vivos están impresas en forma de programas en su código genético.

Esos programas contienen la información biológica que controla la forma interior y exterior del ser vivo, así como la ubicación y funcionamiento de sus órganos internos.

Las reglas de la naturaleza se pueden descubrir por medio de la observación, el razonamiento y la experimentación, es decir, por medio de la ciencia. Ésta es el único medio que tienen los seres humanos para encontrar la verdad y descubrir los beneficios que les proporciona aplicarlas para producir bienes que les ayuden a sobrevivir, buscar comodidades y alcanzar la máxima longevidad que la naturaleza les permite.

Todo efecto está causado por una o varias acciones previas y viceversa, una causa (acción o fenómeno natural) puede producir uno o varios efectos. Toda la naturaleza está en continuo balance. Lo que se siembra es lo que se cosecha.

Los hechos y fenómenos de la naturaleza (terremotos, vientos, huracanes, sequías, lluvias, mareas, plagas, erupciones volcánicas, etc.), tienen siempre una o varias causas. No existe la casualidad ni el infortunio en la naturaleza porque hay orden en todo lo que compone el universo.

Hay un plan específico para los seres vivos que habitan la Tierra. El hombre está obligado a vivir la edad programada en sus genes y debe obedecer las leyes que lo rigen para poder cumplir con el mandato de vivir y alcanzar esa longevidad.

Las plantas y los animales viven con tranquilidad, conformes con su existencia y en el lugar que les asignó la naturaleza cumpliendo con su programa genético. Ellos viven y se alimentan sin causar daños al medio ambiente al no tener capacidad para desobedecer esos preceptos.

Pero el ser humano, al tener capacidad para incumplir con lo establecido en las leyes que fueron creadas exclusivamente para ellos (las del amor, la moral y la ética), omite cumplir con ellas ocasionando graves problemas a la humanidad.

Los límites de la libertad de las personas son las leyes y dentro de ellas está el respeto a la naturaleza y a los demás miembros de la sociedad humana para que puedan vivir en paz.

El principal mandato de la naturaleza para todo ser viviente es vivir. Para poder cumplir con esa ley, todos tienen grabado en su código genético otras leyes que los obliga a comer, beber, respirar, dormir, defecar, etc.

El ser humano, además, debe obedecer otras leyes que no tienen los demás seres vivos, para que pueda tener salud y bienestar, ellas son las del amor, la moral y la ética.

Adicionalmente tiene atributos que lo distingue de las demás especies vivientes, tales como: la capacidad de discernir entre el bien y el mal, producir ideas y tecnología, resolver problemas complejos, reflexionar sobre su propio ser, sobre su existencia, sus sensaciones, amar y querer realizar una idea, buscar un Ser superior y otros.

El hombre siente satisfacción al cumplir con las leyes que lo obligan a alimentarse, dormir, reproducirse, etc., pero si se excede, le causará obesidad, pereza y lujuria.

El abuso de las actividades sexuales es causa de la sobrepoblación del planeta y la consecuencia de ésta, es la escasez de agua y comida, contaminación de ríos, lagos, mares y del ambiente, y muchos otros problemas que aquejan a la sociedad actual.

Los sentimientos negativos, tales como ansiedad, angustia, obsesión, nerviosismo, soberbia, egoísmo, odio, estrés, rencor, ambición, venganza, envidia, lujuria, ira, cólera, celos, tristeza y otros, provocan daños en el organismo de las personas cuando los usan en forma continua.

Esos sentimientos negativos son la antítesis del amor y uno de los principales males de la humanidad porque provoca conflictos en las sociedades humanas.

La acción de estos sentimientos negativos destruye la posibilidad de conseguir la felicidad.

También el incumplimiento a cualquiera de las leyes de la naturaleza que rigen al hombre es causa de enfermedades, depresión y sufrimiento en los seres humanos.

El análisis y comprensión de estos conceptos fueron precisamente el objetivo del este libro y mi deseo para con el lector, porque siendo mejores seres humanos viviremos con salud, armonía, bienestar, con paz interior y exterior (en sociedad), que son el fundamento de la verdadera felicidad.

Índice Temático

Los números corresponden a las páginas en las que se trata el tema.

Apéndice

Esquema del *ánima* en los seres vivos:

Controla la forma exterior del cuerpo.

Maneja la ubicación, la forma y el funcionamiento de los órganos del cuerpo: corazón, riñones, páncreas, pulmones.

Regula la temperatura, ritmo cardiaco, presión arterial, respiración, digestión, metabolismo, sistema nervioso, sistema inmunológico, temperatura, sentimientos y emociones.

El ***ánima:*** Contiene la información biológica (programas) de un ser vivo para hacerlo funcionar.	Gobierna las necesidades básicas del organismo: comer, beber, dormir, eliminar desechos. Rige los instintos: hambre, sueño, sed, sensación de defecar. Domina los sistemas nerviosos central y autónomo (el simpático y parasimpático). En las plantas, controla la circulación de la savia, su fotosíntesis, nutrición, crecimiento y reproducción.

Esquema del espíritu:

El Espíritu:
Estimula la conducta del hombre para que viva más años en paz con salud y bienestar por medio de:

El amor:
Entrega total del hombre hacia los demás y hacia la naturaleza.

La moral:
Regula la conducta interna del hombre por medio de:

- **Su alimentación.**
- **Su actividad sexual.**
- **Sus sentimientos.**

La ética:
Es la exteriorización de la conducta moral.

La conciencia:
Capacidad de reflexionar sobre sí

	mismo y de discernir entre el bien y el mal.	
	La mente: Busca las leyes de la naturaleza. a través de:	**La inteligencia.** **La memoria.** **El razonamiento.**

Esquema de los sentimientos y emociones:

Sentimientos Positivos:	Afecto, cariño, ternura, caridad, paciencia, perdón, altruismo, solidaridad, tolerancia, sinceridad, bondad, generosidad, compasión y muchos más.

Sentimientos negativos:	**Internos:**	Vanidad, egolatría, odio, rencor, envidia, egoísmo, ambición, angustia, obsesión, soberbia, lujuria, celos, resentimiento.
	Externos:	Egoísmo, ira, venganza, avaricia, cólera, hipocresía, agresividad.
	Positivas:	Alegría, euforia, entusiasmo.

Emociones:	**Negativas:**	Estrés, ansiedad, angustia, miedo, depresión, pánico, tristeza.
Perversiones:	Traición, abuso, arbitrariedad, deshonestidad, corrupción.	

Esquema de la mente:

La mente: Está integrada por:	**La inteligencia:** Capacidad de procesar la información adquirida del entorno por medio de sus órganos sensoriales para procurar su supervivencia y confort. **La memoria:** Función que permite recordar el pasado. **El razonamiento:** Facultad de ordenar y relacionar ideas para llegar a una conclusión.

Adendum

UBICACIÓN TEÓRICA DE LAS LEYES DE LA NATURALEZA EN EL ORGANISMO DE LOS SERES VIVOS.

- En el ADN del código genético de un individuo están grabadas las leyes (en forma de programas) que rigen a través del *ánima,* la forma, ubicación y funcionamiento de los órganos internos de los seres vivos.

- En los genes de todos los seres vivos, también está grabada la información que gobierna los instintos y éstos, a su vez, manejan su supervivencia, conservación de la especie, su conducta y comportamiento.

- Las leyes de la naturaleza exclusivas del ser humano, el amor, la moral y la ética, están registradas en su conciencia.

- La conciencia está ubicada experimentalmente en el hipotálamo del ser humano.
- El hipotálamo está ubicado en la región límbica del cerebro y maneja el sistema nervioso, el metabolismo, la digestión, la respiración, los sentimientos y emociones, la temperatura, el apetito, la presión arterial, el sueño y la conducta de la persona.
- Los sentimientos negativos, las emociones y las perversiones de los seres humanos, también están labrados en la parte genética de los instintos.
- La mente (integrada por la inteligencia, la memoria y el razonamiento), está localizada en el cerebro de los seres humanos.
- Los animales superiores y muchos inferiores tienen un cerebro en el cual debe radicarse la inteligencia.
- En los insectos, microbios y demás animales carentes de cerebro podemos encontrar sistemas nerviosos que realizan las funciones del cerebro y es allí donde podemos radicar la pseudo inteligencia.

Aunque ya lo he mencionado en otras partes de este libro, permítame recordarle que estas observaciones son personales.

Bibliografía

- La Biblia. *Antiguo y Nuevo Testamento.* Edición Reina Valera Revisión 1960. Sociedades Bíblicas en América Latina.

- La Biblia. *El Libro del Pueblo de Dios.* Fundación Palabra de Vida. Buenos Aires. Sociedad Bíblica Católica Internacional. (SOBICAIN).

- *La Biblia de Jerusalén*, editada por Descleé De Brouwer, S.A. Bilbao, España.

- Ashley Montagu. *¿Qué es el Hombre?* (2ª. Ed). Editorial Paidós Ibérica. 1987.

- Paul Davis. *Dios y la Nueva Física.* Salvat Editores, S.A. Barcelona. 1994.

- Lin Yutang. *La importancia de Vivir.* Editorial Sudamericana. Buenos Aires, Argentina. Sexta Edición. 1943.

- Sócrates. *Diálogos de Platón.* Edición Digital:

- http://vagabundeoresplandeciente.wordpress.com/2008/04/10/antigona-de-sofocles-y-la-distincion-juridica-cardinal/

- Javier Tirapu Ustárroz. ¿Para qué Sirve el Cerebro? Segunda Edición. Editorial Desclée De Brouwer, S.A. Bilbao, España. 2008.

- Marco Tulio Cicerón. *De Republica.* Edición Digital:

- http://www.eleutheria.ufm.edu/Articulos/060316 CAPITULO II DE LA BUSQUEDA DE LA COMUNIDAD.htm

- Marcelino Cereijido Mattioli. -*Por qué no Tenemos Ciencia.* Siglo XXI Editores. México, 2004.

- Marcelino Cereijido. *Ciencia Sin Seso.* Siglo XXI Editores. sexta edición. México, 2005.

- El Kybalión. Tres Iniciados. Editorial Sirio, S.A. Málaga, España. 8a. edición. 2008.

- Mónica Cavallé *La sabiduría recobrada. Filosofía como terapia.* Ediciones Martínez Roca, S.A. Madrid. 2006.

- Marco Aurelio. *Meditaciones.* Tomado de: *El Humanismo Jurídico en San Marcos.* José Antonio Ñique de la Peña. Edición Digital:

- http://sisbib.unmsm.edu.pe/bibvirtualdata/tesis/human/%C3%91ique_pj/pdf/parte1.pdf

- • Filón de Alejandría. *El heredero de los bienes divinos "Quis rerum divin. haeres sit"*. Versión Digital:

- http://mb-soft.com/believe/tsxtm/logos.htm

- *El alma en Aristóteles.* Versión Digital:

- http://filosofia.laguia2000.com/filosofia-griega/el-alma-en-aristoteles

- Baruch de Spinoza. *Ética demostrada según el orden geométrico.* Editorial Orbis, Barcelona, España. 1980.

- Marvin Harris. *El Desarrollo de la Teoría Antropológica.* Siglo XXI de España Editores. 2008. Pág. 16.

- Elizardo Martínez Vergara. *La Doctrina del Derecho Natural de Hugo Grocio.* Universidad San Francisco De Asís. La Paz, Bolivia. 2006.

- John Locke. *Dos tratados del gobierno civil (1690).* Fragmentos citados en *Textos fundamentales para la historia.* Alianza Editorial. Madrid, España. 1982. Citado en Los Países, Leyes y Constituciones. Versión Digital:

- http://paises-y-leyes.blogspot.mx/2012_04_29_archive.html
- Santo Tomás. *La Suma Teológica.* 1-2, 100, 8, ad2. Versión Digital:
- http://es.scribd.com/doc/18678110/resumen-santo-tomas-de-aquino-suma-teologica.
- Regis Jolivet. *Tratado de Filosofía. Moral.* Editorial Lohle. Buenos Aires, Argentina. 1959.
- Rafael De Pina y Rafael De Pina Vara. *Diccionario de Derecho.* 32ª. Edición. Editorial Porrúa. México. 2003.
- Claude Tresmontant. *El problema del Alma.* Ed. Herder. Barcelona. 1974.
- Filosofía Griega. *Origen de la Filosofía-Presocráticos-Sofistas y Sócrates.* Versión Digital:
- http://www.e-torredebabel.com/Historia-de-la-filosofia/Filosofiagriega/Presocraticos/Alma.htm
- Albert Einstein. Citas. Versión digital:
- http://es.wikiquote.org/wiki/Albert_Einstein.
- Jaime Carder. *La Naturaleza Habla.* Editorial CLIE. Barcelona. 1973.

- Leonardo Da Vinci. *Escritos Sobre La Ciencia.* Versión digital:
- http://www.slideshare.net/rurenagarcia/escritos-de-leonardo-sobre-ciencia
- F. David Peat. *Sincronicidad. Puente entre mente y materia.* Versión Digital:
- http://alberkrip.files.wordpress.com/2008/06/peat-f-david-sincronicidad-puente-entre-mente-y-materia.pdf
- Terencio Arteaga Pincay. *Conferencia dictada el sábado 8 de julio del 2006* por: Dr. Enrique Mármol Palacios y Dra. Marlene Sánchez. Facultad de Jurisprudencia, Ciencias Sociales y Políticas. Universidad de Guayaquil. Ecuador.
- Francisco J. Ayala. *La Naturaleza Inacabada.* Salvat Editores. 1994.
- Esther Jacob. *Mi Cuerpo.* editorial: Secretaría de Educación Pública / Conaculta. México. 2000.
- Real Academia Española. *Diccionario de la Lengua Española. vigésima primera edición.* Editorial Espasa Calpe, Madrid, España. 1992.
- Karl Larenz. *Metodología de la Ciencia del Derecho.* Editorial Ariel. España. 1979.

- Serra, Ubay (2020-02-09). *Las reglas del juego: Claves para entender los principios universales que rigen tu vida* (Spanish Edition). Edición de Kindle.

- Juan Pablo II. Encíclica *Dives in misericordia.* Edición Digital:

- http://www.instituto-social-leonxiii.org/index.php/estudios/844-la-animacion-de-la-caridad-en-la-comunidad

- Liz Hodgkinson. *El Sexo No Es Obligatorio.* Javier Vergara Editor, S.A. España. 1988.

- The Book of the year 1988. *Encyclopædia Britannica.* Ed. Encyclopædia Britannica, Inc. U.S.A. 1989.

- The Book of the year 1998. *Encyclopædia Britannica.* Ed. Encyclopædia Britannica, Inc. U.S.A. 1999.

- Un Statistics Division, Department of Economic and Social Affairs. *"World Population Prospects: The 2008 Revision"*. Edition Digital:

- http://www.geohive.com/earth/pop_gender.aspx

- George Berkeley. *Tratado sobre los Principios del Conocimiento Humano.* Versión Digital:

- http://es.wikipedia.org/wiki/Tratado_sobre_los_principios_del_conocimiento_humano

- Enciclopedia Microsoft. *Encarta*. 2002. 1993-2001.- Microsoft Corporation.

- André Lalande. *Vocabulario Técnico y Crítico de la Filosofía*. Librería El Ateneo. Buenos Aires 1953.

- GUINNESS *World Records 2002*. Printer Industria Gráfica, S.A. Barcelona, España. 2001.

- Joestein Gaarder. *El Mundo de Sofía*. Editorial Siruela, S.A. Madrid, España. 2008.

- P. Jesús Simón, S.J. *A Dios por la Ciencia*. Estudios Científicos-Apologéticos. Ediciones Alonso. Fuenlabrada-Madrid, España. 1979.

- Zacarías Torres Hernández. *Introducción a la Ética*. Grupo Editorial Patria. México, 2014.

Notas:

Certificados De Derechos De Autor

Certificate of Registration

This Certificate issued under the seal of the Copyright Office in accordance with title 17, *United States Code*, attests that registration has been made for the work identified below. The information on this certificate has been made a part of the Copyright Office records.

Acting United States Register of Copyrights and Director

Registration Number
TX 8-303-381
Effective Date of Registration:
August 05, 2016

Title

Title of Work: Siendo Humano

Completion/Publication

Year of Completion: 2014
Date of 1st Publication: February 28, 2014
Nation of 1st Publication: United States
International Standard Number: ISBN 9781463373689

Author

- **Author:** Pedro Armando A Abdo
Pseudonym: P.A.Abdo
Author Created: text, photograph(s), most text
Work made for hire: No
Citizen of: Mexico
Domiciled in: Mexico
Pseudonymous: Yes

Copyright Claimant

Copyright Claimant: Pedro Armando A Abdo
Via Sacra #150 (Entre 108-112) Colonia Fuentes del Valle, San Pedro Garza García, 66220, Mexico

Limitation of copyright claim

Material excluded from this claim: some text; photo from other sources

New material included in claim: text, photograph(s), most text; photo from other sources

Certification

Name: Mark Adams
Date: August 05, 2016
Applicant's Tracking Number: 493704

CERTIFICADO

Registro Público del Derecho de Autor

Para los efectos de los artículos 13, 162, 163 fracción I, 164 fracción I, 168, 169, 209 fracción III y demás relativos de la Ley Federal del Derecho de Autor, se hace constar que la **OBRA** cuyas especificaciones aparecen a continuación, ha quedado inscrita en el Registro Público del Derecho de Autor, con los siguientes datos:

AUTOR: ABDO SHAADI PEDRO ARMANDO

TITULO: SIENDO HUMANO

RAMA: LITERARIA

TITULAR: ABDO SHAADI PEDRO ARMANDO

Artículo 168 de la L.F.D.A.- Las inscripciones en el registro establecen la presunción de ser ciertos los hechos y actos que en ellas consten, salvo prueba en contrario. Toda inscripción deja a salvo los derechos de terceros. Si surge controversia, los efectos de la inscripción quedarán suspendidos en tanto se pronuncie resolución firme por autoridad competente.

Número de Registro: **03-2013-091312165400-01**

México D.F., a 30 de septiembre de 2013

SUBDIRECTOR DE REGISTRO DE OBRAS Y CONTRATOS

FRANCISCO JAVIER BALDERAS RODRIGUEZ

SECRETARIA DE EDUCACION PUBLICA
INSTITUTO NACIONAL
DEL DERECHO DE AUTOR
REGISTRO PUBLICO

CERTIFICADO

Registro Público del Derecho de Autor

Para los efectos de los artículos 13, 78, 162, 163 fracción II, 164 fracción I, 168, 169, 209 fracción III y demás relativos de la Ley Federal del Derecho de Autor, se hace constar que la **VERSION** cuyas especificaciones aparecen a continuación, ha quedado inscrita en el Registro Público del Derecho de Autor, con los siguientes datos:

AUTOR: ABDO SHAADI PEDRO ARMANDO

TITULO: SIENDO HUMANO

RAMA: LITERARIA

TITULAR DE AMPLIACION: ABDO SHAADI PEDRO ARMANDO

Esta inscripción no faculta para publicar o usar en forma alguna la obra registrada, a menos de que se acredite la autorización correspondiente.

Artículo 168 de la L.F.D.A.-Las inscripciones en el registro establecen la presunción de ser ciertos los hechos y actos que en ellas consten, salvo prueba en contrario. Toda inscripción deja a salvo los derechos de terceros. Si surge controversia, los efectos de la inscripción quedarán suspendidos en tanto se pronuncie resolución firme por autoridad competente.

Número de Registro: 03-2014-052912324100-01

México D.F., a 12 de junio de 2014

EL DIRECTOR DEL REGISTRO PÚBLICO DEL DERECHO DE AUTOR

JESUS PARETS GOMEZ

SECRETARIA DE EDUCACION PUBLICA
INSTITUTO NACIONAL
DEL DERECHO DE AUTOR
REGISTRO PUBLICO

CERTIFICADO

Registro Público del Derecho de Autor

Para los efectos de los artículos 13, 162, 163 fracción I, 164 fracción I, 168, 169, 209 fracción III y demás relativos de la Ley Federal del Derecho de Autor, se hace constar que la **OBRA** cuyas especificaciones aparecen a continuación, ha quedado inscrita en el Registro Público del Derecho de Autor, con los siguientes datos:

AUTOR:	ABDO SHAADI PEDRO ARMANDO
TITULO:	SIENDO HUMANO
RAMA:	LITERARIA
TITULAR:	ABDO SHAADI PEDRO ARMANDO

Con fundamento en lo establecido por el artículo 3º de la Ley Federal del Derecho de Autor, el presente certificado ampara única y exclusivamente la obra original literaria.

Con fundamento en lo establecido por el artículo 14 fracciones III y V de la Ley Federal del Derecho de Autor, el presente certificado no ampara: los esquemas, planes o reglas para realizar actos mentales, juegos o negocios; los nombres y títulos o frases aislados.

Con fundamento en lo establecido por el artículo 168 de la Ley Federal del Derecho de Autor, las inscripciones en el registro establecen la presunción de ser ciertos los hechos y actos que en ellas consten, salvo prueba en contrario. Toda inscripción deja a salvo los derechos de terceros. Si surge controversia, los efectos de la inscripción quedarán suspendidos en tanto se pronuncie resolución firme por autoridad competente.

Con fundamento en los artículos 2, 208, 209 fracción III y 211 de la Ley Federal del Derecho de Autor; artículos 64, 103 fracción IV y 104 del Reglamento de la Ley Federal del Derecho de Autor; artículos 1, 3 fracción I, 4, 8 fracción I y 9 del Reglamento Interior del Instituto Nacional del Derecho de Autor, se expide el presente certificado.

Número de Registro: **03-2017-053011191600-01**

México D.F., a 1 de junio de 2017

SUBDIRECTOR DE REGISTRO DE OBRAS Y CONTRATOS

DANIEL RAMOS LOPEZ

Notas De Pie De Página:

1 Citado por Regis Jolivet. *Tratado de Filosofía. Moral.* Editorial Lohle. Buenos Aires, Argentina. Pág. 194.

2 **Plenitud:** Totalidad, integridad. Cualidad de pleno (completo, lleno).

3 **Homeostasis**: Auto regulación del organismo para mantener la estabilidad interior.

4 **Postulado**: Proposición cuya verdad se admite sin pruebas para servir de base en ulteriores razonamientos.

5 La nada es el vacío puro en dónde no hay ni siquiera espacio, ni tiempo, ni materia o energía en absoluto.

6 Tomado de: Población hombres y mujeres en el mundo. Edición Digital:

https://www.saberespractico.com/demografia/cuantos-hombres-y-mujeres-hay-en-el-mundo-actualmente/

[7] The Book of the year 19**88**.- Británica World Data.- *Encyclopædia Britannica*.- Ed. Encyclopædia Britannica, Inc.- Pág. 746.

[8] The Book of the year 19**9**8.- *Encyclopædia Britannica*.- Ed. Encyclopædia Britannica, Inc.- Pág. 756.

[9] Hispanoteca. Lengua y Cultura. Cita digital: http://www.hispanoteca.eu/Foro/ARCHIVO-Foro/Alma%20y%20%C3%A1nima.htm

[10] **Vida**: Energía de los seres orgánicos. Fuerza o actividad interna mediante la cual obra el ser que la posee.

[11] La energía no se crea ni se destruye, sólo se transforma.

[12] **Hombre**: Ser animado racional, hombre o mujer.

[13] Stephen Hawking y Leonard Mlodinow. *El Gran Diseño*. Pág. 22: El gran diseño www.librosmaravillosos.com S. Hawking y L. Mlodinow

[14] Thomas Wheeler y Frank Miller. Novela de ficción "Maldita". Editorial Océano. México. 2019.

[15] La Biblia. Mateo: 6:10. La Biblia de Jerusalén, editada por Descleé De Brouwer, S.A. Bilbao, España.

16 **Adolescencia:** Período de la vida humana que sigue a la niñez y precede a la juventud.

17 Origen de la Filosofía: Presocráticos, Sofistas y Sócrates. Cita digital:

http://www.e-torredebabel.com/Historia-de-la-filosofia/Filosofiagriega/Presocraticos/Alma.htm

18 La Biblia. *Antiguo y Nuevo Testamento.* Edición Reina Valera Revisión 1960. Sociedades Bíblicas en América Latina. Génesis: 2:7, 7:22.

19 **Interfaz**: Zona de comunicación de un sistema sobre otro.

20 **Robinson**: Persona que puede llegar a ser autosuficiente en soledad. Perteneciente o relativo al héroe novelesco Robinson Crusoe.

21 **Templado**: Moderado en la comida, bebida o pasiones. Templanza.

22 **Bienestar**: Estado o situación de satisfacción o felicidad.

23 La felicidad en el lugar de trabajo (Artículo en dos partes). Eduardo Abdo. Cita digital: https://www.linkedin.com/pulse/la-felicidad-en-el-lugar-de-trabajo-art%C3%ADculo-dos-partes-eduardo-abdo/?published=t&fbclid=IwAR3kG

mB6xEmfPhKX9Ik3cznmy8oTGCpzZlfeyZKMt82P_Pe2hMo-HHt_Cu

[24] **Individuo**: Cada ser organizado, sea humano, animal o vegetal, respecto de la especie a la que pertenece.

[25] La longevidad humana tiene un límite. Cita Digital: https://www.scientificamerican.com/espanol/noticias/la-longevidad-humana-tiene-un-limite/

[26] GUINNESS World Records 2002. Printer Industria Gráfica, S.A. Barcelona, España. 2001. Pág. 16.

[27] La Biblia. Génesis: 6:3. El Libro del Pueblo de Dios. Sociedad Bíblica Católica Internacional. (SOBICAIN).

[28] **Casuista**: Dicho de un autor que expone casos prácticos de teología o moral.

[29] Cita de Zacarías Torres Hernández. Introducción a la Ética. Grupo Editorial Patria. México, 2014. Pág. 5.

[30] Véase en el apéndice de este libro **Ubicación teórica de las leyes de la naturaleza en el organismo de los seres vivos**.

[31] **Infante**: Niño menor de siete años.

[32] La Biblia. *Antiguo y Nuevo Testamento.* Edición Reina Valera Revisión 1960. Sociedades Bíblicas en América Latina. Romanos 2:14,15.

33 **Sentimiento**: Estado de ánimo afectivo.

34 **Emoción**: Alteración intensa y pasajera del estado de ánimo.

35 **Modelo**: Arquetipo digno de ser imitado que se toma como pauta a seguir.

36 **Patrón**: El que manda. Modelo que sirve de muestra para sacar otra cosa igual.

37 **Sentimiento de culpa**: Sensación de culpabilidad por haber cometido un acto incorrecto

38 La Biblia. Mateo: 5:28. La Biblia de Jerusalén, editada por Descleé De Brouwer, S.A. Bilbao, España.

39 Vals peruano *El Plebeyo*.

40 Juan Pablo II. Encíclica *Dives in misericordia*. Edición digital:

http://www.instituto-social-leonxiii.org/index.php/estudios/844-la-animacion-de-la-caridad-en-la-comunidad

41 The New York Times. Los secretos para una vida feliz, según un estudio de Harvard. Cita digital: https://www.nytimes.com/es/2016/04/06/un-estudio-de-harvard-revela-los-secretos-para-una-vida-feliz/

42 EFE: SALUD. Beneficios del amor para la salud.

Cita digital:

http://www.efesalud.com/8-beneficios-del-amor-para-la-salud/

43 Ley de causa y efecto. Cita digital: http://crecimiento-personal.innatia.com/c-7-leyes-del-exito/a-ley-de-causa-y-efecto.html

44 Ashley Montagu. *¿Qué es el Hombre?* (2ª. Ed). Editorial Paidós Ibérica. 1966. Pág. 101.

45 Serra, Ubay (2020-02-09). Las reglas del juego: Claves para entender los principios universales que rigen tu vida (Spanish Edition). Edición de Kindle.

46 Einstein: La fuerza más poderosa del universo es el amor. Cita Digital: https://nomaspalidas.com/einstein-la-fuerza-mas-poderosa-del-universo-es-el-amor/

47 **Romance**: Lengua derivada del latín.

48 **Viso**: Apariencia de las cosas.

49 **Ambición**: Búsqueda desordenada del poder, la riqueza o la gloria.

50 **Perversión**: Viciar (dañar o corromper) con malos ejemplos las costumbres o la fe.

51 **El bien**: Son los actos que favorecen la supervivencia

de la humanidad.

52 **El mal**: Son los actos que dañan, deterioran o impiden la supervivencia pacífica de un individuo y son fuente de sufrimiento físico y moral.

53 **Bonhomía**: Afabilidad, sencillez y bondad, en el carácter y en el comportamiento.

54 Diccionario de la Real Academia Española. Vigesimotercera edición, octubre 2014.

55 **Remordimiento**: Inquietud, pesar interno que queda después de realizar lo que se considera una mala acción.

56 Liz Hodgkinson. *El Sexo No Es Obligatorio.* Javier Vergara Editor, S.A. España. 1988. Pág. 73.

57 Discovery Salud. Version digital:

http://www.dsalud.com/index.php?pagina=articulo&c=390

58 iMedPub Journals. Review Article. Depresión y Calidad de la Dieta. Cita Digital: http://www.archivosdemedicina.com/medicina-de-familia/depresin-y-calidad-de-la-dieta-revisinbibliogrfica.pdf Pág. 3

59 Confederación Española de Alzheimer. El zinc, esencial para conectar las neuronas y evitar la

depresión. Cita Digital: https://www.ceafa.es/es/que-comunicamos/noticias/el-zinc-esencial-para-conectar-las-neuronas-y-evitar-la-depresion

60 MAYO CLINIC. News Network. Version digital:

https://newsnetwork.mayoclinic.org/discussion/en-algunos-casos-la-disfuncion-erectil-puede-ser-el-primer-signo-de-advertencia-de-cardiopatia/

61 https://cnnespanol.cnn.com/2019/09/11/la-disfuncion-erectil-puede-predecir-derrames-cerebrales-y-ataques-cardiacos/?utm_source=CNN+en+Espa%C3%B1ol+5+Cosas&utm_campaign=9dd2593236-EMAIL_CAMPAIGN_2019_09_12_01_34&utm_medium=email&utm_term=0_16838af8b1-9dd2593236-107609161

62 **Relajar**: Caer en vicios y malas costumbres.

63 **Corrupto**: Perverso (que corrompe las costumbres o el orden), torcido (que no obra con rectitud).

64 **Unilateral**: Se refiere solamente a una parte.

www.ingramcontent.com/pod-product-compliance
Lightning Source LLC
Chambersburg PA
CBHW021430170526
45164CB00001B/176